"十三五"江苏省高等学校重点教材（编号：2016-2-081）

教育部基础学科拔尖学生培养2.0计划基地建设成果
国家级一流本科专业建设点建设成果
江苏高校品牌专业建设工程二期项目建设成果
江苏省高等教育教改研究课题"面向拔尖2.0的哲学拔尖人才培养模式的探索与实践"(2019JSJG148)阶段性成果

科学、技术与社会

蔡仲 刘鹏 著

南京大学出版社

图书在版编目(CIP)数据

科学、技术与社会 / 蔡仲, 刘鹏著. — 南京：南京大学出版社, 2017.10(2022.8 重印)
ISBN 978-7-305-19254-8

Ⅰ. ①科… Ⅱ. ①蔡… ②刘… Ⅲ. ①科学社会学 Ⅳ. ①G301

中国版本图书馆 CIP 数据核字(2017)第 217204 号

出版发行	南京大学出版社
社　　址	南京市汉口路 22 号　　邮　编　210093
出版人	金鑫荣
书　　名	科学、技术与社会
著　　者	蔡仲　刘鹏
责任编辑	施　敏
照　　排	南京南琳图文制作有限公司
印　　刷	江苏凤凰数码印务有限公司
开　　本	880×1230　1/32　印张 9.375　字数 218 千
版　　次	2017 年 10 月第 1 版　2022 年 8 月第 3 次印刷
ISBN	978-7-305-19254-8
定　　价	32.00 元

网址：http://www.njupco.com
官方微博：http://weibo.com/njupco
官方微信号：njupress
销售咨询热线：(025) 83594756

* 版权所有，侵权必究
* 凡购买南大版图书，如有印装质量问题，请与所购图书销售部门联系调换

目 录

页码	内容
1	导言
1	第一章 从作为理论的科学走向作为实践的科学
1	第一节 STS中两种极端的人类主义
2	一、逻辑经验主义的"方法论不对称性原则"
3	二、社会建构主义的"方法论对称性原则"
7	第二节 科学实践哲学的"本体论对称性原则"
8	一、自然—仪器—社会的混合本体论
12	二、非人类的能动性
16	三、科学实践哲学的理论流派
28	四、生成论意义上的世界观
30	扩展阅读
30	思考题
32	第二章 技科学的概念与理论审视
32	第一节 技科学的概念考察
33	一、巴什拉论技科学
36	二、奥托瓦论技科学
40	三、拉图尔论技科学
47	第二节 技科学的理论与实践审视
47	一、重审科学与技术的关系
52	二、重审科学、技术与社会的关系

57	三、技科学的哲学审视
69	扩展阅读
69	思考题
70	**第三章 学院科学商业化的历史与哲学审视**
70	第一节 学院科学的商业化
71	一、科学研究模式的变化
74	二、学院科学商业化的社会背景
76	第二节 学院科学商业化的哲学反思
77	一、学院科学商业化对科学规范的挑战
85	二、学院科学商业化对科学哲学的挑战
87	三、学院科学商业化对伦理的挑战
93	扩展阅读
94	思考题
95	**第四章 科学的自律性之困境**
96	第一节 科学场及其自律性
97	一、科学场的自律性
100	二、科学场的自律性所面临的挑战
101	第二节 普兹泰事件与自律性的破坏
102	一、制度化科学资本的压制
106	二、经济资本的诱导
108	三、政治力量的强势介入
112	四、科学自律性之反观性
117	扩展阅读
118	思考题
119	**第五章 现代科学与地方性知识**
120	第一节 全球化过程中科学的扩张

120	一、范式的"规训"与"惩罚"
125	二、科学与殖民地扩张
130	第二节 后殖民主义视野中的科学全球化
130	一、后殖主义对科学的极端解构
140	二、互动中的发展:ANT 视域下的后殖民技科学
151	扩展阅读
151	思考题
152	**第六章 科技创新的理论与实践审视**
152	第一节 科技创新的理论审视
153	一、社会技术系统中的科技创新
157	二、科技创新的两个原则
161	第二节 科技创新中的分界问题
162	一、学术创业之基础——科技资本
165	二、塞拉罗斯现象
169	三、塞拉罗斯的科技悲剧
174	四、科技创新要以科技为本
176	扩展阅读
176	思考题
177	**第七章 赛博与后人类主义**
177	第一节 赛博与赛博空间
177	一、赛博
180	二、赛博空间
186	第二节 后人类及其哲学审视
186	一、后人类
188	二、离身性与具身性
196	扩展阅读

	思考题
196	

	第八章　两种文化关系的时代反思
197	
197	第一节　两种文化的关系史
198	一、卢梭式的质疑
204	二、斯诺命题
209	三、"索卡尔事件"与科学大战
219	第二节　科学实践哲学视野下的两种文化
220	一、斯诺命题的历史与哲学审视
225	二、从划界逻辑到划界活动
232	三、作为杂合体的科学
237	扩展阅读
237	思考题

	第九章　STS与通识教育
238	
238	第一节　从科学教育到STS的通识教育
239	一、科学的专业教育与人的"异化"问题
242	二、从专业教育到哈佛大学的科学史教育
245	三、从科学教育到STS教育
250	第二节　STS通识课程建设的理念与路径
251	一、STS类通识课程建设的必要性
253	二、STS课程的通识性内涵
255	三、STS类通识课程与专业课程的差别
258	四、中国特色的STS课程建设
260	扩展阅读
261	思考题
262	参考文献
281	后　记

导　言

"科学、技术与社会"(Science, Technology and Society,简称为STS)的研究主题主要包含相互关联的两个方面:一方面是社会、经济与文化是如何影响科学研究与技术创新的,另一方面是科学和技术对社会、经济与文化的反向影响。简言之,科技与社会之间如何相互塑造的问题。在当下学术界,"科学、技术与社会"这一术语时常被另一术语"科学技术论"(Science and Technology Studies,也简称为STS)所取代。尽管从历史的角度而言,这两种STS之间存在非常大的差别,但鉴于一方面不同学者对这两个概念的界定不尽相同,另一方面人们有时也将这两个术语混用,因此,本书以"科学、技术与社会"为题,并采用其最宽泛的含义,用以指代从哲学、历史、社会学以及其他非专业本身视角去研究科学和技术的工作。

STS是一个相对较新的研究领域,出现在"二战"后的冷战时期。在1962年的《科学革命的结构》这本经典著作中,托马斯·库恩(Thomas Kuhn)把科学事实视为科学共同体在某一特定时期的实践产品,而不是对自然的一种镜像反映。此后,科学的历史学家、社会学家、哲学家,甚至连部分科学家也开始思考科学知识、技术系统与社会的关系,开始系统性地探索科学发现及其技术应用是如何与其他社会因素(如法律、经济、公共政策、伦理与文化)相互关联并一起发展的。当下STS的关注点主要集中在两个方面：一是科学与技术的特征与实践的研究。如作为一种社会机构的科学与技术，它具有什么样的独特结构、承诺、话语与实践？这些特征是如何随着文化语境或时间变迁而发生变化的？这条研究途径最主要关注的问题是：科学的方法是什么？什么使科学事实更具可信性？现代科学与地方性知识的关系如何？二是关注科学技术的影响与控制的问题，特别是关注科学技术有可能带来的社会风险问题，如对食品安全、环境与人类价值所可能带来的风险。这类研究主要关注以下问题：国家应该首先资助何种研究？在技术决策中，谁应该参与、如何参与？专家共同体如何与公众进行交流？等等。

如何研究科学技术与社会之间的关系，这涉及研究的方法论问题。在这一问题上，占主导地位的是逻辑经验主义。其基本思想是，社会必须按照科学的理性模式来单向性的塑造。在维也纳学派的著名宣言——《科学的世界观》一文中，逻辑经验主义的代表人物之一奥图·纽拉特(Otto Neurath)描述了"科学世界观"的三个特征。第一，它是经验主义的和实证主义的，即存在着只来自于经验的知识，这确立了合法的科学内容之界线。第二，它以逻辑分析的方法为标志，即通过把逻辑分析方法应用于经验材料而达到统一的科学。任何概念，不管它属于科学的哪个分支，必须通过逐步还原为指向给予的最低层次的概念来说明。如果对所有概念都进行上述分析，那么所有的科学概念就会被编入一个还原系统。这种还原系统的最低层包含经验概念和个体的心理性质，之上是物理客体，再上一层是被构成的他人的心灵，最后是社会科学的对象。第三，科学世界观的精神会逐渐统一社会生活，越来越多地渗透进私人生活和公共生活之中，渗透进教育、培养、建筑以及按理性原理而形成的经济社会生活之中。科学的世界观服务于生活，而生活接受了它。乔治·萨顿(George Sarton)深受逻辑经验主义的激励,进一步强调科学的统一性和人类的统一性是一样的。对萨顿来说,科学代表着被所有种族所共享的通向普遍真理的唯一途径。萨顿的"新人文主义"强调科学体现出一种人类普遍精神,这种方法后来被融合进20世纪50—60年代的现代性理论中。现代性是与理性、经验主义、效率和改变联系在一起的,传统意味着宿命论、习俗、非理性与停滞。因此,"科学世界观的代表人物坚决地站在朴素的人类经验的基础之上。他们满怀信心地从事着这样一项工作:清除形而上学和神学的几千年残骸……回归到一种统一的世界图景"①。

然而,从表面上看,逻辑经验主义的做法是把科学理论真假的决定权赋予经验性知识。然而,事实上,所有这些消解"知识的主观偏见"的做法都是以主体的形式即一种人类主义出现的,因为客观性的观念仍然是依赖于主体的。哲学家们在判定一种观点或立场是否客观时,通常使用"认知上行(epistemic ascent)"这一方法。"认知上行"是指在思考某种科学主张是否真实时,哲学家并不去考察科学研究的实际过程,而只是关注科学家对研究纲领或方法的选择。也就是说,"认知上行"进入了一种元层次,仅仅关注这些方法是否是真实的、好的辩护依据,并以此来判断理论的真与假。"作为一种理想的认知客观性,它预设了在作为认知者的我们与被认知的世界之间的一条鸿沟。作为一种客观的方法论,它被提出来的目的就在于填补这一鸿沟。但任何这类议程,实际上都是作为一种主体设置的形式,被坚定地置于我们与所表征的世界

---

① O.纽拉特:"科学的世界观:维也纳小组——献给石里克",王玉北译,《哲学译丛》,1994年第1期,第40页。

之区分中的我们一方。"① 这正是埃德蒙德·胡塞尔(Edmund Husserl)指出的"欧洲科学危机"的根源——对自然所进行的伽利略式的外科手术或康德式的"为自然立法"。胡塞尔认为:正是伽利略式的数学化"使我们把只是一种方法的东西当作真正的存有。……这层理念的化装使得这种方法、这种公式、这种理论的本来意义成为不可理解的"②。也就是说,正是数学化这件理念的外衣,使人们遗忘了自然科学的"生活世界起源"的问题。为此,布鲁诺·拉图尔(Bruno Latour)指出这种"理念的唯物论"所建构的科学对象,充其量不过是柏拉图理念世界中的抽象客体,与科学家所研究的真实客观世界中的实体相去甚远,更谈不上在此基础上对社会的改造。拉图尔嘲笑道:"每一个唯物论者内心都沉睡着一个唯心论者",因此,他呼吁返回一种"真正的唯物论"③,即在追踪科学家研究自然界的真实的实践过程中去思考科学。

随后的社会建构主义走向了另外一个极端,用社会去建构科学技术。大卫·布鲁尔(David Bloor)提出了科学的社会建构主义(又称强纲领 SSK)的"对称性原则"④:无论真的还是假的,理性的观点还是非理性的观点,只要它们为集体所坚信,都应该对称地作为科学技术与社会的对象,都应诉诸同样类型的社会原因(利益)获得解释。社会建构主义的另外两位代表性人物夏平与谢弗

---

① J. Haugeland, J. Rouse. *Dasein Disclosed*: *John Haugeland's Heidegger*. Cambridge: Harvard University Press, 2013: xiv.
② 胡塞尔:《欧洲科学危机和超验现象学》,张庆熊译,上海:上海译文出版社,1988 年,第 62 页。
③ Bruno Latour. "Can We Get Our Materialism Back, Please?". *Isis*, 2007 (98): 138—142.
④ 大卫·布鲁尔:《知识与社会意象》,艾彦译,北京:东方出版社,2001 年,第 7—8 页。

明确表明:"当我们认识到我们知识形式的约定与人为的状态时,我们就把我们放在这样一种位置:认识到科学是我们自身的东西,而不是那种对我们的认识负责的实在。知识,就像国家一样,是人类行为的产物。"①如果说逻辑经验主义者在表面上选择了自然一方,将它的目标界定为通过方法论规则过滤而获得有关实在的表象,那么社会建构主义者们则选择了社会一方,认为社会建构了实在与科学,我们除了权力与利益,无须再借用其他因素。

社会建构主义所进行的哲学批判的最终落脚点是瓦解自然实在论,但批判的结果是用社会实在论取代了自然实在论,造成了批判者与被批判对象的"两极相通"——二者共同陷入表象主义科学观。从本体论的角度看,两者都是以近代哲学中自然与社会、主体与客体之间的截然二分为出发点。从认识论的角度来看,两者认为科学的主要任务就是透过科学运作过程中的混乱与易变的表面,去揭示背后的隐藏"本质",逻辑经验主义关注"立法"后的自然规律,而社会建构主义强调的是权力与利益。

在研究科学与社会的关系问题上,逻辑经验主义与社会建构主义两者的致命之处在于:双方都把研究科学的任务仅仅看成一个理论的问题,脱离科学实践去理解科学与社会的关系。20世纪90年代后,不少学者超越"客观的主体设置的认知概念",把眼光从科学理论转向"作为实践的科学"。作为实践的科学并不是在语言、理论或研究中去表征世界,相反,它认为科学家干预性地介入世界,与世界纠缠在一起,以达到一种实践上的主客体之间的重构或话语上的接合。正如亚瑟·法因(Arthur Fine)指出:"实在论

---

① S. Shapin, S. Schaffer. *Leviathan and the Air-Pump: Hobbes, Boyle, and the Experimental Life*. Princeton: Princeton University Press, 1985: 343.

与非实在论把科学视为一场宏大的表演,一种游戏或一幕歌剧,其结果需要解释与指导……但如果科学是一种实践,那么它的表演就需要观众与演员一起演出……对解释的指导同样也是表演的一部分,剧本从来不会一开始就完成,过去的对话也不能确定未来的行动……随着表演的进行,表演场所性地选择了自己的解释。"①这种共同的表演不仅改变了我们的所说与所做,而且也重构了世界与社会。这种重构不是因为我们重新发明了一种社会或语言空间,后者能够反映外在的现存客体。相反,客体存在于实践之中,在实践中被改造,生成为另一种新的客体。因此科学实践并不需要我们超越世界以达到对世界的自然或社会的表象。

于是,科学实践哲学逐渐取代了上述表象主义哲学,打破了主客二分的认知模式,它不再努力地镜像表征外在世界的真实面貌,而是采用各种技术、物质等手段不断介入动态的科学实践,创造一种与所观察和测量到的数据相吻合的理论模型,因为"我们对实在一无所知,因为我们所拥有的一切都是由我们建构出来的模型"②。在这种动态介入的科学实践过程中,主体与客体之间的距离被打破,科学、技术、物质材料、科学家等异质性要素相互缠绕在一起,自然物质对象(包括技术)变成了某种具有自身力量的东西,一切科学知识就是在这一可见的动态介入过程中涌现出来的,这就是技科学的认识论。唐娜·哈拉维(Donna J. Haraway)《诚实的见证者@第二个千禧年:女性男人©遇到致癌鼠™:女性主义与技科学》一书中的致癌鼠(OncoMouse)就是这样:致癌鼠是人类

---

① Arthur Fine. *The Shaky Game*: *Einstein, Realism and the Quantum Theory*. Chicago: University of Chicago Press, 1986: 148.

② A. Nordmann. "Collapse of Distance: Epistemic Strategies of Science and Technoscience". *Danish Yearbook Philosophy*, 2006(41): 7.

在实验室小鼠体内植入人类致癌基因而得到的新生命,它象征着患有乳腺癌的病人,我们关于致癌鼠的行为代替了我们关于治疗乳腺癌的行为,即致癌鼠为我们受苦,正是通过它的这番受苦才为我们治愈乳腺癌提供了希望和拯救方案。这里的致癌鼠不是一个客体,而是一个和人类一样具有某种意向性的主体,既代表着乳腺癌病人,又代表着乳腺癌,这里人与非人、动物之间的界线被打破,呈现出融合与模糊的状态。对致癌鼠和乳腺癌治疗之关系的认识是通过不断干预的方式获得的。至此,表象主义哲学视域下的表征与其对象之间的鸿沟完全消失,科学、技术、自然物、科学家、社会等全都处在一个可见的动态异质性网络中。

科学实践哲学排斥那种界限分明和预先确定的本体论分类,如自然/文化、人类/机器、主体/客体和身体/心灵等,主张所谓的自然、文化、人类、机器、主体、客体、政治等都处在一个异质性杂合的动态网络中,彼此之间辩证地冲撞,也就是一种辩证法式的、杂合的新本体论。哈拉维的致癌鼠就鲜明地体现了这种本体论。致癌鼠在上述技科学网络中是以多重杂合的身份存在的:一是治疗乳腺癌的动物模型系统;二是作为活体动物,适合绿色社会运动展开跨国话语的讨论;三是处于跨国资本交换中的普通商品;四是一种待售的科学仪器,致癌鼠是基因技术产品,是动物和人的基因结合形成的赛博,它模糊了个体物种的身份;第五,致癌鼠将美国政府、哈佛大学和杜邦公司与其自身紧紧地捆绑在一个技科学研究的杂合网络中。

在这一杂合网络的确立过程中,致癌鼠不仅改变了各种各样的社会关系,而且还改变了自己。"在致癌鼠登上历史舞台之前,它存在于自然界中吗?"首先,在主客二分的框架中,逻辑经验主义认为致癌鼠一直静态地存在于"自然"之中,科学家凭借其敏锐的认知能力"发现了"它,而社会建构主义认为致癌鼠无非是科学家为确立其生物学权威而建构的"强制性通道"。主客之间的二分,严格区分了主动性与被动性。如果说科学家创造了致癌鼠,或者说发明了它,那么致癌鼠就是被动的。如果说致癌鼠"引导着科学家去发现",那么科学家就是被动的观察者。在真理符合论中,致癌鼠要么永恒存在,要么从来没有出现过。其次,如果仅有主客体两个主角,人们就不能合理地理解科学史。科学理论具有自己的历史,但致癌鼠没有这样的历史。在这种框架中,科学史家会告诉我们科学家如何在进行了多年的探索之后发现了正确的答案。他们提供的是主体而非客体的历史。传统的科学史与科学哲学把历史的真实性给予了主体,剥夺了客体的历史真实性。这就是没有历史的客体和有历史的理论之间的矛盾。"历史不过是人类进入非历史的自然的一条通道。"①如何消除没有历史的客体和有历史的理论之间的矛盾呢?为此,拉图尔提出了广义对称性原则,目的是消除主客的绝对分离,赋予致癌鼠这种客体以历史的真实性。在科学家之前,致癌鼠存在吗?"从实践的观点来看——我说从实践上看,并不是从理论上看——它不存在。"②在此之前,致癌鼠的原型小白鼠无疑在其他地方也经历了其生命,但在科学家的实验室里,致癌鼠是以一种独特的、场所化的机遇方式被建构出来的。致癌鼠并非被隔离于历史,而是科学家在实验中与自然—仪器—社会机遇性地集聚在一起,如相关生物学家与技术专家、实验仪器、实验对象、杜邦公司、哈佛大学、美国政府等各种各样的异质性

---

① Bruno Latour. *Pandora's Hope: Essays on the Reality of Science Studies*. Cambridge: Harvard University Press, 1999: 157.

② Bruno Latour. *The Pasteurization of France*. Cambridge: Harvard University Press, 1988: 80.

要素在实验室中的地方性集聚,从而形成一个行动者网络,最终将作为原型的小白鼠建构成一个稳定的实体——致癌鼠。在此,"指称循环……将我们……从一种本体地位带到另一种本体地位。……物偷偷地从几乎不存在的属性转变为了一种成熟的物质"①。实验室的研究是把客体(小白鼠)"带回家中"的自然过程,它拒斥任何独立于实验室的外部客体,它使客体得到了"驯化",从而建构出所需要的"新客体"(致癌鼠)。这就是客体的建构。当然这种建构过程要受制于实验室的地方性社会条件。如果我们说"历史的真实性"意味着"像所有生物物种的历史真实性一样,致癌鼠是在实验室的时空扩展与延续中生成与演变着",那么就可以说,致癌鼠的历史真实性牢固地扎根于科学实践过程之中。当然,在这一过程中,实验室研究不仅建构出新的客体,同样也改变了"主体"与社会秩序。也就是说,客体与主体都在彼此的建构中获得了新的属性,并逐渐改变了自己的本体状态,进而最终获得了自己的新本体地位,这是一种人与物相互协调的历史发展过程。在上述过程中,一种全新而特殊的科学共同体应运而生。这一共同体中的成员具有建构"致癌鼠"的各种技术、能力和知识。这些技术与知识也只有在建构致癌鼠的实践发展中才能突现,也只有在其成功操作中才能展现出来;这些技术成为相关专业共同体的标志,一同会聚到建构致癌鼠所演奏的"准交响乐"中。作为一个客体,致癌鼠是这个专业共同体的客体,而这些专业人员又是这个客体的主体,这样,每一方都发展并呈现出一种与对方有关的特定形象。当然,它也改变了社会关系,如围绕致癌鼠的专利权,哈佛大

---

① Bruno Latour. *Pandora's Hope: Essays on the Reality of Science Studies*. Cambridge: Harvard University Press, 1999: 122.

学(研究方)与杜邦公司(出资方)展开了激烈斗争,美国政府也被迫介入其中斡旋,争议的最后结果是哈佛大学获得致癌鼠的专利权,杜邦公司获得致癌鼠的经营权。

科学实践哲学丰富了我们对科学技术与社会之间关系的理解,用梅洛-庞蒂(Maurice Merleau-Ponty)的话来说,就是一种"自我—他人—物"体系的重构,一种经验在科学中得以构成的"现象场"的重构。[①] 首先,客体之所以成为"科学"的,在于它是在实践的矛盾过程中、在时空延续过程中生成的。其次,这种研究使我们进入一种全新的本体论,即我们总是生活在物质世界之中,物质世界本身就是一个生气勃勃、永无止境的突现力量的场所,我们不应去控制或支配它,而是不断调整自身以适应它。因此,科学是一种客体与主体、科学技术与社会共同进化的历史过程。

本教材的写作立足于STS的最新进展特别是科学实践哲学,坚持历史分析与前沿考察、理论梳理与现实观照相结合的原则,不管从写作内容还是在章节结构上,都以帮助学生理解现实中真实的科学运行机制为目标。本书第一章和第二章主要进行理论性分析,考察当代STS的历史线索以及技科学这一关键概念,为后文的进一步展开奠定理论基础;第三章至第七章主要从科学运行的当代特征入手,考察了学院科学的商业化及其带来的各种挑战、科学的自律性、科学与非西方知识的关系、科技创新中的相关问题以及当代科技发展所带来的赛博化特征;第八章的主要内容是,立足科学实践,重新反思两种文化之间的关系;第九章则集中考察了STS的通识教育属性及其对通识教育的重要作用。

[①] 转引自希拉・贾撒诺夫等编:《科学技术论手册》,盛晓明等译,北京:北京理工大学出版社,2004年,第112页。

第一章 从作为理论的科学走向作为实践的科学

在"科学、技术与社会"(STS)中,以理论为基础的研究被称为"人类主义"(humanism),即依据人的本质,特别是合理性规范,去决定科学的真与假、理性与非理性,从而保持人类的独特价值。而以实践为基础的研究被称为"后人类主义"(posthumanism),即认为我们应该从人类与非人类(自然与仪器)之间的内在作用中去思考科学的合理性问题。

第一节 STS中两种极端的人类主义

人类主义的哲学哺育了从逻辑经验主义到社会建构主义在内的一大批科学哲学流派,其根基是一种主观与客观、自然与社会之间截然二分的认识论。所谓认识论,它主张知识由两部分组成,一部分由客体所提供,另一部分由主体所提供。其中一个关键问题是:我们如何在主体与客体之间插入楔子,这就产生了逻辑经验主义与社会建构主义这两种极端的人类主义。

一、逻辑经验主义的"方法论不对称性原则"

逻辑经验主义把科学视为一种在语言、理论或研究纲领中努力表征自然的做法，认为科学代表着对自然的真理性表象，并且时常通过"普遍性的方法论原则"的过滤获得上述真理。如作为逻辑经验主义之典范的科学合理性的标准模型（又称逻辑合理性模型），其核心是各种规则，包括逻辑规则、算术规则、数学及科学方法论等。从表面上来看，这种做法是把科学理论真假的决定权赋予自然，但事实上，所有这些消解"知识的主观偏见"的做法都是以主体的形式出现的。这就是前文所说过的"认知上行"。

"认知上行"这种人类中心论的做法源于逻辑经验主义为科学哲学所划定的界线。1938年在《经验与预言》[①]一书中，汉斯·赖欣巴哈（Hans Reichenbach）提出了科学哲学中著名的"辩护的语境"与"发现的语境"两分的观点。赖欣巴哈提出"两种语境"之分，目的是想表明科学家的实际思维过程（发现的语境）与发现后的理论表象（辩护的语境）之间存在着本质差别。他认为，科学发现是不能进行哲学分析的，因此，解释科学发现便不是认识论的任务，科学哲学只能涉及科学的辩护的语境。这种两分旨在划出科学知识的内部关系和外部关系之间的界线，内部关系属于科学的认知内容，它代表着科学反映的自然，科学哲学只涉及内部关系，社会学则主要涉及外部关系。赖欣巴哈试图建立一种既具有逻辑完备性，又能准确反映思维的认知过程的理论，但其中要排除科学的非认知因素，如心理、文化与社会因素，从而把科学抽象为柏拉图式

[①] Hans Reichenbach. *Experience and Prediction*. Chicago: The University of Chicago Press, 1938.

的理念世界。"二战"后的科学哲学界普遍接受了这种区分,后者成为科学哲学的主导原则之一。

赖欣巴哈式的标准的二分就是要把理性的重任赋予科学哲学家,而把非理性的残余留给科学社会学家。在辩护的语境之中,方法论的规则成为理论成功的唯一评价标准。方法论成为科学知识得以确立的秩序空间,它凌驾于科学之上,是观念的显现、科学的确立、科学的哲学反思与合理性建构的先验性基础。这同样暗示着一种清楚的等级分类,即自然科学超越于社会科学,而哲学占据着最重要的位置。这种等级差异还体现为内部与外部之分,内部被视为一种永恒的、理性的科学知识的进步舞台,而外部被视为一种社会的、心理的、文化的因素构成的非理性的杂烩。这就是传统科学哲学中的"方法论不对称性原则",它坚决拒斥另一种形式的人类主义,即社会建构主义对科学知识的介入。

二、社会建构主义的"方法论对称性原则"

面对上述哲学家与社会学家如此不对称的任务分配,社会建构主义者提出了强烈的异议。社会建构主义的方法论对称性原则,意味着理性的信念和非理性的信念具有同等的认识论地位,理性的信念并不比非理性信念更优越,继而否定了科学哲学中的理性模式,为科学合理性的社会学解释模式寻找到合法依据。例如,采用"方法论对称性原则"就意味着孟德尔的遗传学和李森科的伪科学都必须被视为与自然进行了因果性衔接,只不过采用了两种不同的途径:"既有孟德尔,也有李森科……这些理论都是与自然衔接的。由于它们处于各自的时代,所以都具有社会制度的烙印……它们以各自不同的方式获得了不同程度的成功。"①布鲁尔的结论是:孟德尔和李森科两人的理论都与"自然"无关,二者必须等同地被视为一些利益组合或制度化思维方式的反映,自然"一文不值,它们仅仅是存在于那里的一块空白屏幕,上映的是社会学家们所导演的电影"②。由此可见,如果说逻辑经验主义在表面上选择了自然一方,将它的目标界定为通过方法论规则过滤而获得的实在的表象,那么社会建构主义则选择了社会一方,认为社会建构了实在,人们除了权力与利益,不需要谈及其他。因此,如果说逻辑经验主义把科学变成了方法论的傀儡,那么,社会建构主义则把科学变成了权力的玩物。社会建构主义将科学合理性置于社会语境之中,理性、客观性和真理等概念的全部内容最终被归结为某一共同体采用的社会文化规范,其结果是"腐蚀掉人们所熟悉的客观性概念之理性基础"③。社会建构主义的做法完全误读了科学的任务,消解了科学家的努力目标——理解自然。就像伊莎贝尔·斯唐热(Isabelle Stenger)所说:当社会建构主义者面对科学家时,就意味着"科学大战"。

从本体论的角度看,逻辑经验主义与社会建构主义都是以近代哲学中自然与社会、主体与客体之间的截然二分为出发点。逻辑经验主义者虽然一直把自然作为其认识论基础,然而,自然却没有自己的生命力、主动性,静静地躺在那里,等待着接受强加在它

---

① 大卫·布鲁尔:"反拉图尔论",张敦敏译,《世界哲学》,2008 年第 3 期,第 75 页。
② 布鲁诺·拉图尔:《我们从未现代过》,刘鹏、安涅斯译,苏州:苏州大学出版社,2010 年,第 61 页。
③ Martin Hollis. "The Social Destruction of Reality". In: Martin Hollis, Steven Lukes(eds.), *Rationality and Relativism*. Liphook: Blackwell Press, 1982: 69.

们身上的各式各样的方法论规则的塑造；社会建构主义则干脆完全撕下了客观性这一面纱，直接用社会去决定自然、主体去规定客体。这是人类主义的极端表现。正如布鲁尔所说："人们感到，它们(自然)就根本没有'历史'，它们仅仅是'在那里'，它们给更具变化性的人类舞台提供了一个稳定的背景，而在人类舞台上，观念是变化的，各种理论来了又去了。"①因此，布鲁尔的方法论对称性原则实际上是不对称的，即用社会来解释自然，知识是对人类社会这一本体的反映。

从认识论的角度来看，社会建构主义认为其主要任务就是透过科学运作过程中混乱与易变的表面，去揭示背后隐藏的社会秩序，如权力与利益。其"突出了实验室的丰富的混乱现象中的两个组成部分。一部分是可见的：知识，在这方面，SSK 是一种认识论的纲领，继承了知识的哲学传统。另一部分是社会，社会被理解为如利益、结构、习俗或其他类似的东西。同时，这些社会秩序是某些先验的，确定性的东西，能够决定尚存疑问的知识"②。因此，社会建构主义对逻辑经验主义的批判，预设了其所批判的对象本身所预设的前提：挖掘现象背后的所谓本质。它所做的不过是用"社会实在论"取代"自然实在论"，本质上沿袭的依旧是对知识的表象性语言描述。

表象主义是一种典型的人类主义，它源于 20 世纪中叶的"语言学转向"，这一转向赋予了人类"语言"太大的权力，随后还出现了"符号学转向"、"解释学转向"、"文化转向"，而每一次转向的结

---

① 大卫·布鲁尔："反拉图尔论"，张敦敏译，《世界哲学》，2008 年第 3 期，第 74 页。
② 安德鲁·皮克林：《作为实践和文化的科学》，柯文、伊梅译，北京：中国人民大学出版社，2006 年，第 2 页。

果都是把自然转化为一种语言或其他形式的表象。语言重要、话语重要、文化重要,但自然不重要。只允许人类用语言去塑造或决定我们对自然的理解,相信语言的主语与谓语之结构代表着一种先验世界的潜在结构。这是社会建构主义与传统实在论的共同的形而上学基础。语言与文化具有能动性与历史性,而"物"却被表现为被动的与永恒的,充其量承载着来自语言与文化的历史引起的变化。这里凸显的是文化表象的活力,淹没的是被表象的自然的生命。这样,表象主义眼中的科学不仅是去语境化的,而且还是非历史的。这导致在科学哲学的长期发展中,自然的历史性始终没有进入科学哲学家的视野。"他们缺乏历史感、他们仇恨生成(becoming)……他们把科学家变成了木乃伊。"①

逻辑经验主义与社会建构主义的共同问题在于:(1)他们将视角聚焦于科学知识,认为科学知识是解释科学合理性问题的中心;(2)共同假定知识是反映论意义上的表象。在逻辑经验主义者那里,科学是"自然之镜",而在社会建构主义者那里,科学变成了"社会之镜"。这些都是约瑟夫·劳斯(Joseph Rouse)所称的"普遍性的合法化方案",即这些相互竞争的不同解释都在为科学知识的合法化提供一种普遍的原则;(3)把科学变成了没有历史感的木乃伊;(4)使实在论与反实在论之争成为无果之争。要解决这些问题,我们需要从表征走向干预、从知识走向实践。

具有人类主义特征的逻辑经验主义与社会建构主义都把科学视为知识或文本,其所支撑的实践的图景具有典型的还原特征。逻辑经验主义寻求把科学实践描述为一种理性的运作,并在这种

---

① 伊恩·哈金:《表征与干预:自然科学哲学主题导论》,北京:科学出版社,2010年,第1页。

第一章 从作为理论的科学走向作为实践的科学

理性运作中去探讨科学的合理性问题。类似地,社会建构主义从社会到知识的致因性解释,把对科学的合理性解释牢牢限制在专业的社会学领域内。然而,如果把科学视为实践或活动,对科学实践的合理性研究和理解将不会被限制在传统意义上的任何一个具体的学科,对实践的研究将彻底瓦解传统研究的学科还原特征。这并不是科学的哲学、社会学、编史学内部的专业争论,而是对在专业性外衣包装下的截然分明的学科领域和学科界限的挑战。传统的学科概念和界限正在受到来自科学实践研究的巨大压力,但这种挑战并不提倡对各个学科进行一种无政府主义式的解构。事实恰恰相反,研究科学实践的哲学家、历史学家、社会学家以及人类学家将汇合在一起,去探索一种新的、范围广泛的、多学科综合的科学的文化研究的可能性,这就是STS的跨学科研究。

第二节 科学实践哲学的"本体论对称性原则"

1992年,安德鲁·皮克林(Andrew Pickering)主编的《作为实践与文化的科学》出版后,科学哲学中出现了"实践转向",标志是拉图尔等人提出的"行动者网络理论"、皮克林的"冲撞理论"、劳斯的"研究实践的动力学"、哈拉维的"赛博技科学观"等。上述研究进路的共同特征是,清楚认识到逻辑经验主义与社会建构主义的基本立场的极端性,力图通过对科学实践的突出强调,达到两者的适当整合,以实现对两者的超越。

科学实践哲学,顾名思义,就是从科学实践——科学家的实验室活动或田野研究而非科学理论出发,去研究科学知识的建构及其哲学问题。由于科学实践本身涉及多维度的活动,因此,科学实践哲学一开始便显示出一种跨学科研究的特征。

一、自然—仪器—社会的混合本体论

为了摆脱逻辑经验主义与社会建构主义两种极端,1992年,拉图尔、米歇尔·卡隆(Michel Callon)与哈里·柯林斯(Harry Collins)、斯蒂文·耶尔莱(Steven Yearley)之间爆发了著名的"认识论鸡"之争;1999年,拉图尔与布鲁尔之间爆发了"对称性原则"之争。这两场争论的焦点是对称性原则的历史,即坚持布鲁尔的"方法论对称性原则"还是坚持拉图尔的"本体论对称性原则"。前者坚持科学的社会建构,把科学视为对科学共同体利益的反映。后者要求消除传统科学哲学中主客的截然二分,主张在人类与非人类之间保持对称态度,坚持从两者的本体混合状态,即从一种"人类和非人类的集体"[①]中去追踪科学的实践建构过程。由于它强调在本体论的实践舞台上去追踪科学的建构,思考科学的哲学问题,因此这一原则被称为"本体论对称性原则"。这种人类与非人类的集体,在实验室生活中表现为"自然—仪器—社会"的聚集体。这实际上就是当代后戴维森主义(Post-Davidsonian)的实用主义者如约翰·麦克道威尔(John McDowell)、罗伯特·布兰顿(Robert Brandom)所提倡的塞拉斯式(Sellarsian)的因果关系空间,是我们与世界的"遭遇"的行动空间。

拉图尔指出,布鲁尔的"方法论对称性原则"并没有真正坚持对称性,因为它将解释权赋予了社会,造成了自然的"失语"。为此,拉图尔把对称性原则从方法论推向本体论,即"在对人类与非

---

① Bruno Latour. *Pandora's Hope*. Cambridge: Harvard University Press, 1999: 174.

人类资源的征募与控制上,应当对称性地分配我们的工作"①。也就是说,我们要在人类与非人类这两类本体问题上保持对称性态度。要保持这种本体论上的对称性态度,首先要突破自然与社会、物与人的截然两分,破除反映论意义上的表象主义。其次要赋予"物"以力量或能动性,以理解在实验室中物与人之间力量的冲撞。拉图尔的主要思想是,首先用 actant(泛指人类与非人类的行动者)一词替代 actor(仅指人类的行动者),这样,主体与客体、人与物、自然与社会之间的二元对立在本体层面上得以清除。其次,通过"转译"等概念分析人类与非人类之间在属性上的相互交流,于是,人类开始具有了非人类的属性,非人类也开始具有了人类的属性,如能动性或力量。这样,新本体论成为以两者的内在行动为基础的一个行动者网络,出现了一种"自然与社会之间的本体混合状态"②。"在行动者网络理论的图景中,人类力量与非人类力量是对称的,两者互不相逊,平分秋色。任何一方都是科学的内在构成,因此只能把它们放在一起进行考察。"③通过本体论对称性原则,主客体的交汇点,也即科学实践得以发生的真实本体时空——实验室——就成为 STS 所关注的焦点。研究实验室中科学事实如何在人类与非人类的交织中被建构而生成出来,研究实验室所生成的科学事实所带来的自然—社会、客体—主体之间的共生、共存与共演的历史,这些就构成了当代科学实践哲学研究的主要

---

① Bruno Latour. *Science in Action*. Cambridge: Harvard University Press, 1987: 144.

② 安德鲁·皮克林:《作为实践和文化的科学》,柯文、伊梅译,北京:中国人民大学出版社,2006 年,第 365 页。

③ 安德鲁·皮克林:《实践的冲撞》,邢冬梅译,南京:南京大学出版社,2004 年,第 11 页。

内容。

在这种人—仪器—自然的聚集体中，首先，作为人的科学家，是一种生活中和实践中的有限存在，其活动受制于仪器、自然和社会。然而，科学哲学在自康德以来的先验哲学的影响下，硬是把人的有限性遮掩起来，有意或无意地把有限的人当作讨论一切问题的基础；硬是把无限的、绝对的、创造者的角色归于有限的人，让有限的人不堪重负、膨胀欲裂。拉图尔的本体论对称性原则就是要恢复并阐明具体、有限的科学家，把科学家视为在实验室中进行操作的具身性实践者。这也正是常人方法论（Ethnomethodology）的研究途径，这种途径强调"默会技能"在知识生产中的重要性。逻辑经验主义或者说传统科学哲学强调方法论对科学实践的指导作用，柯林斯将其称为"算法模型"（algorithmic model）。这种模型主张：方法论上的指导能够提供所有可遵循的实验技巧，方法论程序是发现科学的真理性与有效性的根本保证，进而期刊或文本中对科学工作的形式化描述就具有了完备性。这种模型实际上把科学工作视为"逻辑的翻转"，科学家成为"方法论的傀儡"。与之相反，由于本体论对称性原则更加强调与形式化的方法论相对的默会知识的把握，于是，科学就内在于科学共同体的实践之中，科学概念与定律、方法论规则、对某些实验知识（如与仪器的运转有关的知识）的把握以及对仪器所得出的数据的解释能力等，都无法在明确的方法论程序中得到完全阐明，它们只能通过库恩所谓的"范例"实践，默会把握。总之，科学事业依赖于实践中的能知（know-how）。正如波兰生物学家卢德维克·弗莱克（Ludwik Fleck）指出的："在任何方面，科学研究都是一项技能性的活动，它依赖于大量非形式化的、部分具有默会性质的知识。"①这就是柯林斯称谓的文化适应模型(enculturation model)。

其次,按照本体论对称性原则的理解,自然不是一种柏拉图世界中的理念,而是一种现象界的本体。如"位置"不能被预设为一个明确的抽象概念,也不能被预设为一种独立存在的对象的内在属性,因为"位置"只有在利用一种带有固定组成的严格装置时才有意义。此外,用这种装置对"位置"的任何测量都不能被理解为是对某些独立本体的抽象,而只能是一种现象属性。因此,按照本体论对称性原则的要求,认识论的对象不是带有固定边界的抽象客体,而仅仅是现象。也就是说,现象是本体论上首要的关系。现象不是由物自身或现象背后的本质或属性所构成,而是现象之中的物。现象就是实在的构成。正如伊恩·哈金(Ian Hacking)这位科学实践哲学的开拓性人物所说:"我对'现象'一词的用法与物理学家的一样。这一用法必须尽可能地远离哲学家的现象主义、现象学以及私人、转瞬即逝的感觉材料……现象就是显现。"②

第三,在现象的生成中,仪器扮演着一种关键性的建构角色。仪器的主要功能是调节科学家所遭遇的自然界的"阻抗与适应之间的辩证法"(皮克林语)。由于观察渗透着理论,因此仪器不是对自然界的中性探索,仪器只会体现出某些特殊的理论要求,服务于某些特殊的目的而排除其他,是一种特殊的物质实践。通过它,某些特殊的现象被场所性地建构。也就是说,仪器是物质化的排他性实践。仪器是现象的重塑或话语实践,它在自身话语实践的差

---

① Ludwik Fleck. *Genesis and Development of a Scientific Fact*. Chicago: University of Chicago Press, 1979: 103.
② 伊恩·哈金:《表征与干预:自然科学哲学主题导论》,北京:科学出版社,2010年,第221页。

异化中生成出物质现象。仪器不是在世界中的一种静态的安排，而是对世界的一种动态的重构，一种能动的操作性实践，通过它，特殊的独特边界得以启动，但它通常不会完整和确定地产生某些预期现象，并没有确定的"外在"边界。这种不确定性代表着现象生成的开放性，即仪器对重置、重构与其他修改的不断开放。此外，任何特殊的仪器总是会被应用于不同的实验室、不同的文化或地理空间，总是会发现自己处于有待更进一步说明的情境化差异之中，这是不确定性的另一种表现。这些实践组成了在操作中的科学仪器的重要特征。现象是通过具身性活动中的多种仪器的能动的内在作用而被制造的。

二、非人类的能动性

逻辑经验主义与社会建构主义对能动性的考察是非对称性的，认为能动性仅属于人类，而不属于自然，自然被看作惰性的物质，被动地等待着人们去表征。因此，科学哲学家一直恐惧人类的力量（愿望、动机与意图），企图通过方法论的理性力量对其进行过滤和清除。相反，社会建构主义者一直试图把人类的力量（权力与利益）理解为科学信念与文化扩展的一种真实的原因。但拉图尔的"本体论对称性原则"表明这种力量的分配是站不住脚的。因为自然本身具有自己的力量（agency）、能动性或主动性，它不断地与使用仪器的科学家在"阻抗与适应的辨证矛盾"中共舞，其间为克服"自然"的阻抗（自然界的能动性的表现），科学家的目标、计划及仪器设备的物质形态等都需要不断地改进和转换，以适应"自然"的"要求"。自然的能动性实际上就是伊·普里戈金（I. Prigogine）在《从混沌到有序》中所说的自然的自组织性。仪器也有自己的生命力，它们能够完成人类的精神与身体无法完成的工作。机器的这种操作性力量,就像受规训后的人类力量一样。哈金反复强调"仪器创造了现象",并由此走向"实验有自己的生命"这一立场。

科学家的力量、仪器的力量与自然的力量共同聚集在实验室的舞台上,在相互共舞(皮克林语)或转译(拉图尔语)中建构出科学事实。在这种共舞中,人类力量与非人类力量并非先于实践存在,而是通过实践过程中两者的对称性介入得以相互界定、支撑与发展。也就是说,在科学实践中,人类力量与物质力量之间机遇性的组合是在时间中涌现出来的,并成为实践过程的有机构成——表现在目标的试探性设定、特定的阻抗的涌现、特定的适应的达成之中。这些机遇性组合成为实践过程中不可逆的部分,它们并非外在性地干涉实践过程,也不是仅仅将自身附加于实践过程之上,而是实实在在的实践本身。科学事实就是在人类力量与非人类力量共舞过程中瞬间涌现出来的。之所以称其为"涌现",是因为任何科学家事先都无法准确地把握科学实践发展的时间轨迹。在这一共舞过程中作为主动的、有目的的行动者,科学家们尝试性地建造出一些新的仪器,随后处于被动状态以监控仪器的运行,去捕获的自然力量的可能功效。与之对称,自然的力量恰恰是在人类被动的观察阶段主动地展示自身的能动性。机器也是在有目的地运作着,在努力地捕捉着自然力量。阻抗体现为人类有目的地捕获自然力量的失败,适应则是应对阻抗的人类的主动性策略。这种策略包括对目标、动机和理论的调节,对仪器的物质形态的改进,对科学的活动框架以及围绕行动框架的社会关系的调整。这就是"阻抗与适应的辩证运动"。这是"一种世界观,一种形而上学。这种世界观和形而上学把科学视为一种人类力量与物质力量经由阻抗与适应辩证运动的人类文化的一个进化领域,其中前者寻求捕获后者"①。同时,这也展示出一种开放式驻足点(open-endedness)的图景。当各种新的人类力量与非人类力量以这种方式或那种方式机遇性地聚合在一起时,新的实践共舞开启;新的异质性力量就会在多种可能性的开放空间中展开新的共舞,并最终会形成一个新的科学事实。如此"循环"共舞,构成了科学实践生生不息的永恒图景。

这种科学观有两个基本要点。第一,"去中心化"的后人类主义。在这种聚集中,自然所为、仪器所为与科学家所为,彼此交织、相互强化,三方地位等同,没有预先存在着的主次、先后。在逻辑经验主义那里,自然是表面上的最重要的因素,在社会建构主义那里,社会则凸显出主导作用。而在科学实践哲学中,自然、仪器、理论与社会是在实践共舞中具有同等地位的异质性要素,这就瓦解了自然与社会之间截然分明的界限,进入了后人类主义的空间。"在这一空间中,人类活动者依旧存在,但他们与非人类力量内在有机地相互缠绕,人类不再是发号施令的主体和行动中心。世界以我们建造世界的方式建造我们。"②第二,瞬时涌现。在实践之前,人们对组成一个正常运作的人类与非人类的聚集体中的各种要素无法事先准确确定,也不能够完全把握其确切功能。它们都是在真实的实践中涌现出来的要素。这意味着科学实践是在阻抗与适应的共舞中拓展并成就自身的空间。在逻辑经验主义和社会建构主义那里,对理论变化的解释总是根据一些固定不变的标准,比如认识论的理性标准或利益、权力等。而在科学实践哲学中,真

---

① 安德鲁·皮克林:《实践的冲撞》,邢冬梅译,南京:南京大学出版社,2004年,第20—21页。

② 安德鲁·皮克林:《实践的冲撞》,邢冬梅译,南京:南京大学出版社,2004年,第23页。

实时间进程中涌现出来的各种"阻抗和适应之间的辩证法"才是解释的关键。这样,科学,由于其本质上是一种实践中机遇性的相遇场中涌现出来的产物,因而便具有了内在的时间性。"这个(this)只能恰好发生,然后那个(that)也只能恰好发生,等等,在一个独特的轨迹中导致了这一(this)或那一(that)图像。"①这个轨迹及其终点绝不可能事先被确定。因而,科学的实践建构为我们显示出:"在物之繁涌中,在人类和非人类的交界处,在开放式驻足点和前瞻式的反复试探的过程中,真正的新奇事物是如何在时间中真实地涌现出来的。"②

科学事实是在人类与非人类力量之间的共舞中涌现出来的产物,拉图尔用"拟客体"来表达"科学事实"。"拟客体位于(自然与社会)两极之间。"③皮克林则用"赛博"(cyborg)来表明,科学事实是人类力量与非人类力量之间交织的产物。在当前的主流学术领域内,对"拟客体"或"赛博"的研究还处于边缘地带。然而,这类奇异的对象不仅充斥在自然科学中,而且在社会科学中也无处不在,如近代工业革命所带来的工业—科学组织、"二战"时期所诞生的科学技术—军事机构、转基因食品、气候变暖等。主流学术之所以对"赛博"置若罔闻,这主要是受机械论世界观的影响。这种影响表现在两个方面。第一,本体论层面。现代科学在对"自然"进行伽利略式外科"清洗"手术后,诸多学科以人类与非人类之间的明

---

① Andrew Pickering. *The Mangle in Practice: Science, Society and Becoming*. Durham: Duke University Press, 2008: 34.
② Andrew Pickering. *The Mangle in Practice: Science, Society and Becoming*. Durham: Duke University Press, 2008: 36.
③ 布鲁诺·拉图尔:《我们从未现代过》,刘鹏、安涅斯译,苏州:苏州大学出版社,2010年,第63页。

确区分来界定自身。自然科学对非人类世界进行评价和理论探讨，这是一个假定"人类"并不存在的世界。人文社会科学则选择了另一部分，试图分离并理论化一个纯粹的人类领域。在《我们从未现代过》一书中，拉图尔指出现代性是由一种特殊的叙事方式引发的，即对物与人进行纯化而分离的叙事，自然科学只负责研究物，人文社会学者则负责讲述人。正是这种学科分立的世界，使得"赛博"成为视而不见的对象，不属于任何研究领域。各学科领域不公开承认它们，只是支离破碎地理解它们。不同的学科仅仅抓住了"赛博"的只鳞半爪。显然，消除这种支离破碎现状的学术努力将是跨学科的。它需要既不以人类为中心也不以非人类为中心，而是在人类和非人类的共舞中进行思考。第二，时间性层面。主流学术中并没有为时间留出位置。科学哲学倾向于讨论无时间的问题——真理、理性、美、善等，而科学社会学家倾向于持续讨论各式各样的共时性关联。当时间性问题无法避免时，讨论通常被转化为对致因的分析和预测，而不是科学实践哲学所讨论的各种开放式驻足点式的终结、不可预期的生成与演化。正是在后者的意义上，时间被内在性地引入了科学之中。

三、科学实践哲学的理论流派

科学实践哲学是当代 STS 发展的主流。当然，当我们称其为科学实践哲学时，并不是说其内部全然一致、毫无分歧，而只是表明当代众多 STS 学者之间的最小一致性，正是这种一致性使得他们可以被放置在这样一个仅仅具有"家族相似性"的标签之下。这种一致性的核心内容是，对于科学研究而言，实践并非一个可有可无的中介，它就是科学的界定者，甚至可以说就是科学本身。具体而言，科学实践哲学包括以下几大研究流派。

第一章 从作为理论的科学走向作为实践的科学

1. 拉图尔的行动者网络理论

在"本体论对称性原则"的基础上,拉图尔等人提出了行动者网络理论(ANT)。正如前文所言,为了对称性地看待人类与非人类,拉图尔主张用 actant 替代 actor,众多 actants 联合行动就会结成一个网络,网络形成的内在机制是转译。"转译"是 ANT 的一个关键术语,它是指一个行动者为建构一个事实,必须通过磋商、征募等手段,并经过一系列的转译,让所有的行动者都意识到必须要建立一个联盟,即一个行动者网络,才能建构出科学事实。最具代表性的例子是卡隆对法国圣布里厄海湾扇贝养殖活动的研究。科学家为了成功地养殖扇贝,必须运用磋商、征募与动员等手段,把自己的学术兴趣转译成渔民的经济利益、扇贝的生存利益,以形成一个网络,使扇贝按科学家的期望生长。如果其中任何一个节点出现问题,如渔民与科学家之间起冲突,把还未完全成熟的实验扇贝捞起来出售,这一网络就会坍塌,科学实验也就失败了。卡隆的这个例子想表明的是科学研究"依赖于一种社会与自然之交织态的相互关系的复杂网络"①。网络实际上就是转译链。ANT 是在本体论的舞台上思考科学及其知识的建构问题,这是拉图尔科学哲学的一个显著特征。最简单的理解就是,科学不再是知识,它成了一种现实的转译链,一种内在于科学实践中的运动。它将对象、科学仪器、科学家共同体、其政治和经济上的盟友、大众的地方性知识与科学概念联系起来,形成一个不断转译中的体系,这种转译的连续性保证了科学事实的实在性。如果这一链条在某

---

① Michel Callon. "Some Elements of a Sociology of Translation: Domestication of the Scallops and the Fishermen of St Brieuc Bay". In: John Law (ed.), *Power, Action and Belief*. London: Routledge & Kegan Paul, 1986: 201.

处发生断裂,那么,科学事实将会丧失其实在地位。科学就是转译链所形成的行动者网络,这是一种本体论意义上的实践,网络成了科学的实存方式。

2. 皮克林的冲撞理论[①]

拉图尔是用符号学的方式来看待本体论对称性原则的,从而把人类与非人类(研究对象与仪器)混为一谈。皮克林对这种符号化特征持有异议,故提出"局部对称性原则"。该原则指出,在科学实践中,自然、仪器与人这三类因素无一处于绝对中心地位,这一点符合"对称性"。但皮克林同时强调物质力量与人类力量之间并非完全等同。利用这一原则,皮克林对科学实践进行"冲撞"式地辩证分析,用历时性分析替代拉图尔的共时性分析,强调"瞬时涌现"的概念,认为科学事实是在人类与物质之间力量的冲撞中涌现出来的,具有不可预测的演化趋势,从而使时间与历史真正进入科学实践之中。同时,正是由于皮克林看到了人与物质之间的差异,使他关注到一种新本体——赛博,即一种自然界和非自然界之间界限消解之后出现的"自然—人—机器"的混合本体(如身体的基因改造),并认为这三者之间是一种共生与共演的关系,这就是他的"辩证的新本体论"——人类力量和物质力量之间共生、共存与共演的生态本体论。

不过,在思考"科学实践本体论现场"时,皮克林与拉图尔一样,持有"混沌性原则",把实验室中的科学活动视为铭写、技术装置和具体技能之间的随机拼凑,是一种混乱与无序的组合,科学家成为一个对随机因素进行胡乱拼凑的修补匠,结果使实验室科学陷入认知的泥潭。毫无疑问,这种工作批判了科学合理性的神话

[①] 安德鲁·皮克林:《实践的冲撞》,邢冬梅译,南京:南京大学出版社,2004年。

教条,却彻底抛弃了科学的内在合理性和实际科学活动的稳定性。尽管这里强调了实际的科学活动不能"完备地"证明自身的合理性,但它不能彻底终结有关科学探究的理性基础和自然基础的争论,因为这些议题重弹了哲学相对主义的老调,模糊了科学与非科学的界线。当各种社会因素直接进入科学内部时,科学的理性规则就会失去其该有的制约作用,哈金认为这是社会建构主义的首要症结。因此,如何恢复科学的合理性,就成为后继的科学实践哲学思考的一个重要出发点,哲学家们最终走向了科学合理性的生成论哲学。

3. 劳斯的研究实践的动力学[①]

劳斯哲学的目的是要从语用学的角度理解科学合理性。劳斯提出了"知识联合体"("epistemic alignments")的概念,类似于本体论对称性原则中的"自然—仪器—社会的聚集体",主张知识是异质性要素的联合体,这种联合体的形成与扩展充满着权力与阻抗。劳斯还强调了这种联合体在实践的动态发展中的开放性。任何一个知识联合体都是历史性的、语境化的,这种历史性和语境化既面向过去,又立足当下,也蕴含了将来发展的前景和机遇。各门科学也都具有历史性,科学知识成了实践中各种要素的机遇性联合的开放性驻足点。在研究实践的动力学中,劳斯用紧缩论的立场来说明真理,认为科学实践并不需要所谓"真理"来辩护,因为"真理"一词的意义就是来自于一个有用的语言实践之中。这种紧缩论真理观的目的在于保持科学场自身的合理性。

[①] 约瑟夫·劳斯:《涉入科学:如何从哲学上理解科学实践》,戴建平译,苏州:苏州大学出版社,2010年。

4. 林奇的常人方法论[1]

迈克尔·林奇(Micheal Lynch)主张,在讨论传统的认识论主题如观察、测量、理性、解释和表征时,不要去寻求一种认识论的或者认知的纲领,而是要去研究这些术语在实验室中"自然—仪器—社会的聚集体"的活动中的"显现"。用林奇的话来说,就是把认识论主题转变为"认识论话题"。不同于寻求一种普遍的方法论原则的传统科学哲学,也不同于放弃科学合理性问题的 ANT,常人方法论研究用一种"自然观察的基础"去填补科学文本与科学实践之间的裂缝,其目的是要考察科学发现和数学证明是如何产生、如何从实验室活动的生活世界中"提升"出来的。实验室活动中充满着各种"操作研究对象的具身性秩序",它表现为实验对象、仪器与实验者的具身性活动之间的对称性的协调与适应。通过演示—证明机制与社会共识机制,这种实验秩序最终会被提升为"数学或形式化理论"。林奇的目的在于让科学的合理性重返实验室的日常活动之中,表明如何在科学的日常行动中重新合理地刻画科学哲学中的合理性主题。这种研究既不是解释性的,也不是基于所谓传统科学哲学中规范性的科学方法,而是基于共同体对专业语言的直觉性把握,基于实验技能与科学推理如何具身性地存在于一个共同体所使用的惯例之中,基于学科范式对自身内部独有历史的承载与认同。科学的常人方法论研究开启了从内部实践、从科学本身的客观逻辑来理解与言说科学,在反本质主义、反基础主义的前提下,回归科学的合理性与客观性的路径。

---

[1] 迈克尔·林奇:《科学实践与日常活动》,邢冬梅译,苏州:苏州大学出版社,2010 年。

5. 哈金的实验实在论

哈金认为,科学的稳定性是许多要素如数据、理论、实验、现象、仪器、数据处理等之间机遇性博弈的结果。这种稳定性体现了本体论对称性原则的基本精神。"当理论和实验仪器以彼此匹配和相互自我辩护的方式携手发展时,稳定的实验室科学就产生了。这种共生现象是与人、科学组织以及自然相关的一个权宜性事实。"① 理论的成熟总是关联着一组现象,我们的理论、我们研究及测量现象的方式,在相互培育中相互界定。哈金对科学稳定性的解释是:当实验科学在整体上是可行的时候,它倾向于产生一种维持自身稳定的自我辩护结构。作为成熟的实验室科学,它已经发展出了一个其理论形态、仪器形态和现象界之间可以彼此有效地调节的整体,科学的合理性与客观性就是实验室自我辩护的产物。基于早期实验室研究的工作,哈金后来提出了"历史本体论"②,主要目的在于对科学对象的命名系统的起源与变迁给予一种历史的说明,用不断更新的命名范畴去描述对象之所以成为"科学的"的生成与演化过程,追踪了科学对象的独特的历史踪迹,把科学对象的生成、演化与人类历史特别是人类在其长期科学发展中形成的思维风格联系在一起。哈金由此走向了米歇尔·福柯(Michel Foucault)。哈金通过福柯的知识、权力和伦理三条轴线,探索科学的形成与客观性观念的起源。他关注的是现存的客体、主体与思想何以在历史中成为可能,并把这种可能性归结为思维风格。哈金借鉴了科学史家 A.C.克龙比(A.C.Crombie)提出的欧洲科

---

① 伊恩·哈金:"实验室科学的自我辩护",载于皮克林主编《作为实践和文化的科学》,北京:中国人民大学出版社,2006年,第46页。

② Ian Hacking. *Historical Ontology*. Cambridge: Harvard University Press, 2002.

学的六种思维风格——数学的、实验的、假说的模型化、分类的、统计的和历史—起源的思维风格,认为只有在这六种思维风格(权力)中所从事的研究自然的活动及其结果才能被称为科学(知识),并且只有掌握了这些思维方式的人才有资格被称为科学家(伦理)。这就是主流科学的范式。也就是说,只有在这六种特定的思维风格中,客体才能成为客体;也只有在特定的认识形式中,知识才能成为知识。思维风格最终成为我们时代客观性的历史之根。

6. 历史认识论

以罗琳·达斯顿(Lorraine Daston)为首的德国马普科学史研究所继承并发扬了法国科学哲学传统,从科学史的角度去探索认识论特别是认识论问题的起源。在分析认识论的基本概念,如知识、证据、客观性等时,由于受分析哲学的影响,主流的英美科学哲学探索的是什么样的知识命题是科学的、知识命题的理性特征是什么。而在法国传统中,认识论是指在何种条件与手段下,物被建构为科学研究的对象。它关注的是产生与维系科学知识的过程。这就意味着研究视角的转变,即不再思考概念与对象的关系,转向思考对象何以能成为研究对象的起源问题。因此,历史认识论反对实证主义,主张把思想史融入科学实践史,即在思想、工具、自然、文化等异质性要素之间对称性冲撞的历史中思考认识论问题。

认识论的研究,首先是以研究对象何以存在的本体论为前提的。在传统的科学哲学中,对象被禁锢在实在论与建构主义的争论之中。实在论的图景把科学对象描绘为一种等待着科学家去开发的未知地,是一个由预先存在的对象组成的永恒世界。根据实在论的观点,人们只能谈论科学发现的历史,而不能谈论科学对象的历史。而建构主义主张科学对象是被发明的,是在历史与社会语境中被塑造出来的。这些语境可能是知识的、制度的、文化的或哲学的。根据建构主义的观点,科学对象的突出特点是其历史性,但不具有真实性。在许多争论之中,自然与文化之间的对立被还原为真实与建构之间的对立。但这里争论的要点是科学对象的概念属于什么样的范畴(它们是真实的或建构的?),而不是科学对象本身。历史认识论关注于科学对象本身的起源与演化的问题,它并不预设一个先于认识的客观实在,更不会把对象视为文化傀儡,而是探究在科学实践的历史中,如何通过实验室活动,把一组未知的、被忽视的自然现象转化为一个科学对象。这是考察科学对象、科学概念的生成、演化或灭亡的过程,考察那些从科学家实践中突现或消失的对象所组成的动态世界。这就把认识论的问题和科学史联系在了一起,科学合理性就根植于科学实践史之中。这样,科学对象既是真实的也是历史的,其真实性与历史性依赖于其融入科学实践与思想的程度。历史认识论研究者详细研究了17—20世纪化学、物理学、生物学等学科的"实践史",追踪科学对象的生成与演化的踪迹,为科学对象写"传记"(biographies)。[①] 他们认为,自然的所为、仪器的所做与科学家的所做对称性地交织在一起,冲撞出不可预测的、具有演化特征的科学对象与理论,为本体论对称性原则提供了丰富的历史论据。

当然,拉图尔的符号化对称性原则使他无差异性地对待人类与非人类的力量,这使他忽视了主体性问题。对主体性问题的重新思考,将科学哲学引向了后人类主义的道路。

[①] Lorraine Daston (ed.). *Biographies of Scientific Objects*. Chicago: The University of Chicago Press, 2000.

7. 海尔斯的后人类主义

在本体论对称性原则中,科学事实是自然—仪器—人的耦合结果,一种人与物的混合本体。与此相应,作为主体一方的人类在这种耦合关系中也会发生改变,人也成为一种自然—机器—人的耦合结果。这是因为我们在改变世界的同时,世界也以同样的方式重塑着我们。这类耦合结果通常被称为赛博。例如,人们开始利用技术重塑身体。由美国加州大学伯克利分校的计算机及人类工程实验室发明的"伯克利下肢外骨骼"就是一种借助机械辅助装备来拓展和加强人体的负重及承受能力的技术。当今高度发展的网络世界、虚拟技术、机器人、赛博时空、电子人、基因工程、克隆技术、器官移植、试管婴儿、激光整容术、变性手术等极富想象力的高难度科技手段,正在日益消解人与物的二元对立范畴。从哲学上思考赛博,就使得我们进入了后人类主义。继后结构主义之后,后人类主义是近年来的另一种重要的"后学"。后结构主义并不具备某种统一的含义,通常是指由福柯、雅克·德里达(Jacques Derrida)等人发展出来的一系列理论的统称。后结构主义者的理论虽然各异,但却共同具有某些联系特定语言、话语与主体的基本前提,这些前提形成了一种方法论。西方哲学的传统,从启蒙运动开始都是以人作为中心,其主体哲学认为只有人才是认识、权力和价值的主体。这一根本前提也是所有西方文化、哲学、科学、政治制度、社会制度的基本精神。"人是思维的主体",这一前提是自明的,主体透过理性工具,达到对世界的认识并改造世界。后结构主义颠覆了上述前提,指出主体性不是与生俱来的,而是社会建构的。后结构主义的著作基本上都是批判西方哲学、政治及社会组织中所预设的"一种独特的、固定并连贯的本质,而且这个本质使她(或他)成为她(或他)所是的那个人"①。摒弃这种人类主义的本质论,后结构主义预设了一种去中心的、去稳定的以及生成的主体。在某种意义上,后结构主义意欲打破西方传统哲学中一切以人为前提的二元对立范畴,颠覆必然的普遍结构以及一切先验范畴所指的中心地位。与后结构主义类似,后人类主义也在质疑自启蒙运动以来人类理性及主体的建构等问题。然而,当后结构主义对西方哲学中的人类主体地位进行解构(如福柯认为主体本身就是话语的结果),以达到"去人类中心化"的目的时,却把社会制度视为塑造人的基本手段。如福柯在《何为启蒙》一文中两次提到"我们自身的历史本体论",意指我们是依据知识、权力和伦理三条轴线,在现代历史中塑造了我们自己。而在《规训与惩罚》一书中,福柯讨论了大量作为现代性象征的"全景敞视式建筑"(如医院、学校等各种作为工具的权力轴)对人的"纪律规训"(把人纳入某种知识范式),从而塑造出现代意义上的人(伦理轴)。在这三条轴中,福柯遗忘了自然及科学技术对人类的塑造作用,因此是不对称的,带有较强烈的社会建构主义的特征。为此,后人类主义强调"去人形中心化",即让人与物置于同等的"本体对称状态"。这符合当下高科技社会的状态。在高科技迅猛发展的今天,人体器官可以借由科技的结合,并由此延伸演化出各种新物种。这样,身体由传统生物学意义上的"固定本体"转变为具有灵活多变性的存在。因此,在当代高科技条件下,人进入了"后人类"赛博空间,其中,人类不再是均质的单一生物学意义上的个体,而是可以转变为多元的、异质的不同身份。后人类主义思潮在技术和科学进步的前提下对

---

① Chris Weedon. *Feminist Practice and Poststructuralist Theory*, Oxford and Cambridge: Blackwell, 1997: 32.

人类物种本身的反省,也彰显出人类日益技术化的当代发展趋势。

在人与物的关系中,另一个极端是片面强调物的作用,忽视人的作用,使对称性破缺。人类日益技术化带来了"技术是否可以取代人类"的争论。持肯定态度的离身性(disembodiment)的后人类主义认为"哲学总认为自己是首要涉及思想、概念、理性、判断的学科——也即是说,涉及那些通过心灵的概念形成的术语,这些术语排斥或者排除了对于身体活动的考虑"[1]。离身性的后人类主义强调身体是生命次要的附加物,生命最重要的载体不是身体本身,而是抽象的信息或者信息模式。海尔斯批判这种去身体活动的后人类主义,强调具身性(embodiment)的后人类主义,认为我们不能离开科学家的具身性活动去理解科学技术,更离不开具身性活动得以展开的实践世界。保持人与机器之间的对称态,就会使具身性活动成为人与机器的分界线。正如凯瑟琳·海尔斯(N. K. Hayles)所说:"人类已经进入了与智能机器的共生关系之中,有人声称人类将被智能机器代替。然而在人类与智能机器的无缝连接之间存在着某种限度,人类自身的具身性使得这个限度维持人类与智能机器的不同。"[2]

8. 哈拉维的赛博体技科学观

技科学(technoscience)一词常被用来描述当前科技研究的基本特征,在理论上源于本体论对称性原则。它是指在当下的知识生产中,人类和自然、科学和技术、自然和社会情境性耦合,共同建构了各种异质杂合体。哈拉维将这些异质杂合体称之为赛博。各

---

[1] N. K. Hayles. *How We Became Posthuman*. Chicago: University of Chicago Press, 1999: 195.

[2] N. K. Hayles. *How We Became Posthuman*. Chicago: University of Chicago Press, 1999: 285.

种异质性要素都处在一张十分复杂丰富的动态"无缝之网"中,彼此紧密地缠绕在一起,无一因素占据中心地位。"技科学"这一术语虽然不是拉图尔最早提出,但其在《行动中的科学》一书中把它推向了学术关注的中心。拉图尔用符号化的手法彻底地摒弃了主体—客体概念,而哈拉维保留了这一对概念,目的在于突出主体的伦理和政治维度的重要性。哈拉维主张主体并非先验预存,而是在与客体的关系中生成。

在实践的主体性方面,哈拉维的赛博技科学观关注的是赛博"忽视了谁?为谁?使谁受益?"的伦理问题。她提出了"负责任的科学"的两个伦理维度:第一,认知的伦理,即参与科学实践的所有认知主体都应是"诚实的见证者",他们具有不同的"局部"视角,只有通过各种不同局部视角之间的共舞,才能"内爆"出具有"真正客观性"的科学知识。第二,科技的伦理责任。在基因技术中,小白鼠体内被植入人体致癌基因,为攻克乳腺癌服务。哈拉维认为,这意味着人与动物的界限被打破。从致癌鼠到保鲜番茄,哈拉维带领我们进入了转基因技术,我们恍然觉悟,其间竟然纠缠着如此之多的藤蔓。每一项研究计划的制定、执行、申请专利以及成果商品化都带来世界范围内诸多经济利益之争、政治反应和伦理争议。围绕着某项科技发明,整个社会中众多力量都介入其中,进行争辩与斗争。如发达国家对发展中国家的经济剥削关系、白人对土著民的生物资本的偷窃、发展中国家社会阶层与产业结构的变化、跨国公司资本主义的扩张、隐瞒公众导致对人权的践踏,当然还有转基因技术带来的粮食产量增加、食品种类丰富和营养结构平衡。因此,基因绝不单单是科学家智力探索活动的结果,它是连接了政治、经济、伦理、道德乃至艺术的节点,是这些因素交互作用、共同内爆的产物。对这种内爆的产物,哈拉维呼吁人们要关注其伦理责任。①

四、生成论意义上的世界观

从本章的主要内容来看,科学实践哲学正在为我们塑造出一种生成论意义上的世界观。

人类主义的 STS 的出发点是自然与社会的截然二分,方法论上走向了两种极端的不对称性,由此导致反映论意义上的表象主义。这种表象主义的科学观不仅使我们始终处在"我们是否真实地反映了我们的世界"的"方法论恐惧"②中,而且还使我们漠视科学的时间性与历史性。"本体论对称性原则"打破了自然与社会的截然二分,在方法论上实现了彻底的对称性,因为其基本的方法论要求就是要在科学实践的本体论舞台上,追踪人类力量与非人类力量是如何对称性地建构出科学事实的,由此走向了实践意义上的生成论。

本体论对称性原则绘制出广阔的人类—非人类的网络,在其中实践得以形成和定位,科学哲学返回科学实践。其创新意义在于,拒斥在抽象的思辨层次上去思考科学的哲学问题,从而引入了"实践唯物论"的进路。扎实的案例研究表明了科学事实是如何在物质—概念—社会之间的共舞中生成出来的,同时也展现出了在实验室中生成的科学事实所带来的自然—社会、客体—主体之间的共生、共存与共演的历史。为此,我们不仅消除了"方法论恐惧",而且还展现出科学的时间性与历史性:即事实之所以成为"科

---

① Donna Haraway. *Modest_Witness@Second_Millennium. Female Man © Meets_OncoMouse*^{TM}: *Feminism and Technoscience*. New York: Routledge, 1997.

② 安德鲁·皮克林:《实践的冲撞》,邢冬梅译,南京:南京大学出版社,2004 年,第 6 页。

学"的,根源于它是在物质力量与人类力量之间的辩证共舞过程中生成的,在不可逆的时间中真实地涌现出来的。这种生成同时也是开放式的稳定,是后继实践活动中的一次次去稳化,以及相应的一次次的再稳定化重建的基础,因此构成了科学演化的历史图景。与此相应,理性、客观性、利益与权力并不是凌驾于实践之上并制导实践的先验本质,而是在科学实践中生成并演化。

无疑,拉图尔的本体论对称性原则的符号化特征使他忽视了客体与主体的问题,从而陷入了相对主义的泥潭。后继对本体论对称性原则的批判性发展,一方面,从不同的角度重审了科学的合理性问题,其共同特点是:实在、理性与客观性等并非是对先验对象的镜像式反映,就像科学事实一样,它们也是在科学实践这一本体世界中生成并演化着的认识论范畴。另一方面,对主体问题的重审使我们进入了后人类的赛博体世界,突现出赛博体科技的伦理问题。

当本体论对称性原则谈及人与物相互共舞时,并不是简单地指出某物和某人都参与了某一活动,而是指在这种参与过程中,各种因素共同构成了一个互相界定的过程,并且在这种相互界定中,彼此的内涵都发生了变化。也就是说,我们在改变世界的同时,世界也以同样的方式重塑着我们,这是一个双向的建构。这些重构的结果使社会秩序和自然秩序之间的关系结构发生了对称性变化。这样,科学的认识活动会产生实实在在的社会效果与政治伦理效果。因此,科学哲学不能仅仅把科学限制在纯粹理性的范围之内,它要求认识主体对自身的界线、预设、权力和效果进行反思。我们对科学的认识活动,作为生活世界的一部分,不仅参与世界的构成,而且参与主体的构成。主体与客体的界线、意义与对象的界线、物质与符号的界线,等等,所有这一切都只能在关系之中呈现出来。这种双向建构决定了科学在认识论、本体论与伦理学三者间结合的各种可能性。所以,作为实践的科学,它在概念上、方法论上和认识论上总是与特定的权力相互交织在一起。因此,科学,作为干预性认识活动,要对与认识主体相关的他者负责,要对相关的社会结果负责,要对世界的存在负责。

本体论对称性原则带给我们的历史启示是,人类不可能独自去承担如此厚重的历史,物质世界更无法单独完成此重任。人类与物质世界在特定历史中的共舞造就了我们的历史与现状,这种相聚过程重塑了我们的社会,同时也勾画出了自然界突现的力量,建构出我们应对这些力量的科学与技术知识。科学就是我们的科学,它通过时间、空间、物质与人类历史轨迹相协调。从世界观的角度来看,这里所说的生成、存在和演化,不是关于纯粹的机器或纯粹的人类,而是关于赛博体的生成和演化,人类与非人类、自然与社会相互缠绕的生成与演化。

这就是本体论对称性原则给我们带来的实践哲学启示——一种生成论意义上的世界观。

扩展阅读

安德鲁·皮克林:《实践的冲撞》,邢冬梅译,南京:南京大学出版社,2004年。

安德鲁·皮克林编:《作为实践和文化的科学》,北京:中国人民大学出版社,2006年。

希拉·贾撒诺夫等编:《科学技术论手册》,盛晓明等译,北京:北京理工大学出版社,2004年。

思考题

1. 逻辑经验主义和社会建构主义在何种意义上是对立的?又在何种意

义上具有一致性？

2. 科学实践哲学主要有哪些理论流派？

3. 致癌鼠这一科技产物，对我们思考传统科学哲学的哪些问题提出了挑战？

第二章 技科学的概念与理论审视

当今科学技术哲学特别是 STS 的发展,呈现出了一种言必称技科学的趋势。哲学家们最初是在考察科学与技术的关系时提出技科学这一概念的,后来则又经由技科学的应用导向从而将问题引向了科技与社会的关系,于是,技科学就成了一个融科学、技术与社会为一体的概念。本章主要从理论和实践两个层面考察技科学这一概念为我们理解当今社会中的科学和技术所提供的理论和实践启发。

第一节 技科学的概念考察

有学者认为,技科学的概念可以追溯到弗朗西斯·培根(Francis Bacon)。不过,一般认为,在现代意义上更为系统地提出这一思想的学者是法国哲学家加斯东·巴什拉(Gaston Bachelard)。在巴什拉之后,比利时学者吉尔伯特·奥托瓦(Gilbert Hottois)、法国学者布鲁诺·拉图尔等也对这一概念进行了开创性的讨论。20世纪80年代之后,这一概念在STS领域逐渐推广开来。

一、巴什拉论技科学

巴什拉是一位非常强调科学实验的法国哲学家,这与他对科学的考察着重关注化学有一定的关系。传统科学哲学往往以物理学为思考对象,而在经典物理学乃至爱因斯坦的相对论中,对实验的关注并不多,与其说物理学家关注实验,倒不如说他们更关注思想实验。化学则不同,在化学实验的前后,物质的存在形态发生了根本的改变。化学实验的这一特性使得巴什拉注意到了实验对事实的建构性作用。正如其所言,对科学来说,"没有任何东西是被给予的,一切都被建构"[①]。在此基础之上,巴什拉提出了其技科学思想,只不过他在法语中将之表述为la science technique,其含义是说一种技术化的科学,即科学家们并不是通过某种超然世外的沉思来认知实在,而是通过某种实验性的技术操作来建构实在。在此意义上,巴什拉提出了"现象技术"(phénoménotechnique)的概念,这一概念对拉图尔思想的形成产生了重要影响。现象技术是指科学事实依赖于仪器而存在。巴什拉说道:"在这些科学中,现象确由仪器制造,它成了某一现象技术的对象,因此,仪器成为研究这类现象的必要的中介。"[②]因此,"一种完整可行的技术"就

[①] Gaston Bachelard. *La formation de l'esprit scientifique*. Paris: J. Vrin, 1967: 14.

[②] Gaston Bachealrd. *Le Rationalisme Appliqué*. Paris: Press Universitaires de France, 1966[1949]: 2—3.

成了一个"完好界定的科学事实"的前提。① 巴什拉有时也称这一立场为"技术唯物主义"。既然事实依赖于仪器,那么仪器又来自何处呢?在巴什拉的哲学体系中,"仪器仅仅是物质化的理论",因此,"从中产生的现象也就承载了理论的印记"②。巴什拉称此为"应用理性主义",它是理性主义的,因为科学研究的实践活动需要理性心灵的参与,它同时又是应用性的,因为理性无法单独创造出科学事实,它必须以其与技术或仪器的辩证互动为基础。

如果现象技术的这种操作性进路成为理解科学的基础,那么,基于沉思科学观的传统实在概念也需要做出相应的改变。巴什拉用形而上学和元化学的对比来说明两者的不同。元化学是基于化学而提出的,它与化学的关系就如同形而上学与物理学的关系。在巴什拉看来,传统的形而上学(métaphysique)关注的是某种实质(substance),但是,在此视角下的实质概念是有缺陷的,"形而上学只能拥有一种关于实质的观念,因为物理现象这一基本概念总是满足于将借助某些一般属性来刻画的几何实体作为其研究对象"。这种视角下的实质概念,偏重的是其内在属性,而后以内在决定外在。加之,这种实在概念是无时间性的,即是说它只能在存在与不存在之间做出唯一选择。但是,在化学中,实质的定义需要发生某些改变。巴什拉指出,"元化学(métachimie)可以从有关各种反应的化学知识中大获裨益",因为在化学中,"真正的化学实质都是技术的产物,而非在实在中被发现的东西。这已经足够使

---

① Gaston Bachelard. *Le Nouvel Esprit Scientifique*. Paris: Presses Universitaires de France, 1968[1934]: 172.

② Gaston Bachelard. *Le Nouvel Esprit Scientifique*. Paris: Presses Universitaires de France, 1968[1934]: 12.

得我们将化学中的实在之物指定为一种实在化(réalization)了"①。与实在概念的改造相伴随的是知识观的变化。由于并不存在终极的实在,因此我们也就无法达成对这种实在的准确知识,故而,我们的知识只能是近似知识,这种近似知识会随着科学实践的发展而进步。

现象技术与实在化概念使巴什拉走出了近代二元论哲学。"不存在简单的现象;每一现象都是一种关系结构……实体是属性之网。"②理性同样如此,并不存在永恒不变的理性标准,"概念与方法,所有这些都依存于经验领域;面对新的经验,所有科学思想都必须做出改变"③。因此,在技科学中存在的并非是超然于实践之外的理性和实验,而是理性与实验之间的辩证法,巴什拉强调,"当其[科学]进行实验时,必须进行推理;当其进行推理时,也必须进行实验"④。这样,巴什拉就与当时法国哲学中的先验进路(以埃米尔·梅耶松[Émile Meyerson]为代表)和极端约定论(以爱德华·勒鲁瓦[Édouard Le Roy]为代表)划清了界限,同时也与传统的笛卡儿主义和康德主义保持了距离。主客二元结构的打破,塑造了巴什拉典型的"非笛卡儿主义的认识论"。

---

① Gaston Bachelard. *La philosophie du non: essai d'une philosophie du nouvel esprit scientifique*. Paris: Presses Universitaires de France, 1940: 53.

② Gaston Bachelard. *Le Nouvel Esprit Scientifique*. Paris: Presses Universitaires de France, 1968[1934]: 12.

③ Gaston Bachelard. *Le Nouvel Esprit Scientifique*. Paris: Presses Universitaires de France, 1968[1934]: 135.

④ Gaston Bachelard. *Le nouvel Esprit scientifique*. Paris: Presses Universitaires de France, 1968[1934]: 7.

二、奥托瓦论技科学

严格来说,第一位明确提出技科学这一新概念的哲学家是奥托瓦。20世纪70年代初,他在博士论文的写作过程中就已经提出了技科学的概念,20世纪70年代末,他在公开发表的文章和著作中也开始使用技科学一词。不过,由于技科学一词主要是在STS领域中使用,而拉图尔又是当代STS的核心领导者,所以人们一般都认可拉图尔是这一概念的首位提出者,相较而言就忽视了奥托瓦的工作。

奥托瓦强调了哲学家进行概念界定的不同方式。柏拉图、亚里士多德、笛卡儿、康德等都是本质主义的代表,以柏拉图为例,他对德性、美、勇气等的定义,并不是以现实中的某些真实事例或人们的行动方式为标准,而是追问这些观念本身的本质。由此,哲学家们试图追寻的就是那种唯一不变的、完美的、普遍的实体。奥托瓦反对这种进路,在此点上,他自言远离了欧陆特别是德法传统,而靠近了英美传统,特别是维特根斯坦哲学。这种概念界定方式的核心是其经验进路,即通过考察某一概念的现实表现对其进行界定。按照这一界定方式,奥托瓦反对"语言学转向"在20世纪西方科学哲学(不管是分析哲学传统还是解释学传统)中的核心影响力,其目的在于提醒哲学家们,后者一直将自己束缚在语言和逻辑分析之中,忽视了技科学对周围世界带来的急剧改变。由此,与传统哲学将科学从根本上解读为一种语言和理论的活动不同,奥托瓦强调,当代科学的典型特征是在物理层面上的操作性、干预性和创造性。例如,科学家们对基因功能的研究,不管其目的是发明新的医疗方法还是进行人类基因组测序,这些研究都已经无法再被区分为理论层面或技术层面的,它完全成了一个"知识—力量—实践"的综合体。因此,在技科学的时代中,理论研究与实践研究、基础研究与应用研究之间的边界都变得模糊了。就如前文对致癌鼠的讨论一样。

在此意义上,技科学具有了肯定性和批判性两层内涵。从肯定性的角度而言,与科学或技术概念相比,它更适合于描述当代科学研究的特征;从批判性或否定性的层面来说,技科学否定了对科学的传统理解,后者将科学视为理论和话语,其目标是对实在进行符号表征。那么,技科学的核心特征是什么呢?奥托瓦强调,"在所有领域中,科学研究本质上都是技科学:即是说,在任一领域中进步都是以对考察对象的实验和操控为条件的"[1]。也就是说,科学不再是对世界的沉思,它成了一种现实的操作,其目的也不再是获得外在于操作的、无时间的本质,而是操作的成功性,在此意义上,科学和技术是无法分开的。

技科学的这种特征很难被容纳入对科学和技术的传统解释框架中。因为传统观点采取了工具主义和人本学甚至是人类中心主义的理解方式,按照这一理解,技科学一方面仅仅是一系列工具性的集合,另一方面它又是人类摆脱异化(从而达成其本质)并最终实现某种形式的乌托邦社会的途径。进而,技科学并没有为我们提出什么新的哲学问题,尤其在价值层面上,它所涉及的仅仅是手段问题,并没有超出传统目的与手段的框架。奥托瓦认为,这种理解是成问题的,如果我们摆脱了传统哲学的框架,就会发现传统哲学在技科学的框架下是无法立足的。因为技科学在哲学层面上具

---

[1] Gilbert Hottois. "Technoscience: Nihilistic Power versus a New Ethical Consciousness". In: Paul T. Durbin (ed.), *Technology and Responsibility*. Dordrecht: D. Reidel Publishing Company, 1987: 70.

有一种典型的"虚无主义特质",这种虚无主义的核心特征是指"它(技科学)的发展趋势,并不是要祛除这种或者那种本体论或末世论,而是要清扫所有的本体论、末世论和人本学"[1]。在此基础上,奥托瓦强调了技科学的四层含义:

第一,技科学的理论维度和实践维度是同时产生的,由此,它坚持的是一种反本体论的立场。奥托瓦引用比利时哲学家让·拉德里埃(Jean Ladrière)的话来说明此点,"科学知识作为一种知识风格,它并不是智性的,也不是沉思性的,更不是解释性的;它的风格是操作性的"。技科学的这种操作性主要体现在它的数学化和实验这两个方面。在此基础上,技科学并没有预设任何本体论,甚至可以说"技科学什么都没有预设",因为它"执行操作,创造出自身操作的结果,并以这些操作作为进一步操作的跳板"。如果说本体论是关乎世界真实存在之物的研究,那么,技科学规避了本体论进入其自身的可能性。奥托瓦进一步强调,"技科学的世界是一个技术的、操作的世界——一个技术宇宙"。这里的意思是说,技科学并非从外在于技科学的"自然、文化和世界"中寻求其意义,"技术宇宙的构成之物不再是本质或实体,后两者的意义被以一种本体论的方式进行确定;与其说前者是自然现象或者人工对象,倒不如说它们是操作性的、可操控的机器,其存在不过是它们在技术宇宙中的功能性和可操控性"[2]。也就是说,技科学与脱离了科学实

---

[1] Gilbert Hottois. "Technoscience: Nihilistic Power versus a New Ethical Consciousness". In: Paul T. Durbin (ed.), *Technology and Responsibility*. Dordrecht: D. Reidel Publishing Company, 1987: 72.

[2] Gilbert Hottois. "Technoscience: Nihilistic Power versus a New Ethical Consciousness". In: Paul T. Durbin (ed.), *Technology and Responsibility*. Dordrecht: D. Reidel Publishing Company, 1987: 72—74.

践的先验、理性等无关,所有一切都需要在技科学的实践过程之中、在技术宇宙之中进行界定,这与传统本体论寻求超脱于现象世界的先验的、本质的甚至无时间性的永恒存在相悖。由此,奥托瓦强调技科学是反本体论的。

第二,技科学带来了一个极端开放却又模糊的世界。人们一般认为,技科学会给人类带来光明的未来,但在奥托瓦看来,技科学在实践之中确实指向了某种未来,但它祛除了"古老的末世论在界定人性上的力量"。传统的宗教哲学、历史哲学往往以某种终结、某种最终的完成性来谈论未来,这种完成性达成之时,也就意味着人类本质的实现之日,在此之前,人类都陷入了人性的异化之中。而技科学所带来的未来是开放的,甚至可以说"一切皆有可能";但这同时又是模糊的,因为这种未来本质上是"可塑的",它"并未提供某种可预知的意义"。进而,技科学与时间的关系便具有了"两张面孔:力量与意义的缺失"[1]。

第三,既然技科学是反本体论的、反末世论的,那么它也是反人本学的,也就是说,有关人性(其本性、本质或目标)的某种理论并不足以成为衡量技术的基础。技科学给我们带来的是对人性的重构,即便是在其最本质的维度上,如生、死、语言、情感、精神的本质等概念,在技科学的时代,它们的概念边界都处于不断变更之中。既然衡量对象(技科学)已经改变了衡量的标准(人性),那么,我们就不能用人性作为衡量技术的基础。甚至可以说,技科学代表了人类中心论的终结,因为后者将人类视为一切意义、一切目的

---

[1] Gilbert Hottois. "Technoscience: Nihilistic Power versus a New Ethical Consciousness". In: Paul T. Durbin (ed.), *Technology and Responsibility*. Dordrecht: D. Reidel Publishing Company, 1987: 74.

的根源,将人类视为意义和价值的生产者。这样,技科学就既揭露了传统人类中心论的空洞之处,也揭露了它的意识形态功能。

第四,技科学的反本体论和反末世论特征的直接推论就是,它是反伦理的、反道德的。如果某物并未预设存在或意义,如果我们所拥有的仅仅是可能性,那么,价值也将无立足之地。面对科学,人们尽管使用了不同的表达方式,但常常会表达这样一种意思:"我们可以做一切能做之事"。这是一条反道德律令。由于技科学毫无预设,因此它在操作层面、控制层面和建构层面上都是自由的、毫无限制的。这种彻底的、无边界的自由,与作为人类道德意识和道德行动之基础的自由概念毫无共同之处。

由此,奥托瓦强调了技科学的虚无主义特征——反本体论、反末世论、反人本学、反伦理。这就是技科学的哲学特质。在当代STS的语境中,这种虚无主义特质实际上是针对传统的本体论、末世论、人本学和伦理学而言的,如果要在这种虚无主义的基础上建立一种新的哲学,那么就必须将上述四方面的对立面纳入哲学之中。这种哲学要求一种新的本体论、一种对未来的新的理解、一种对人类与技术关系的新视角。这正是STS所从事的工作。

三、拉图尔论技科学

按照拉图尔的说法,技科学一词是由他首创的。在《行动中的科学》一书中,拉图尔写道:"为了避免无休止地使用'科学和技术',我构造出了这个单词(技科学)。"拉图尔对技科学的首创性也得到了其他学者如美国哲学家唐·伊德(Don Ihde)等人的认可。从上述引文来看,拉图尔似乎是要用技科学来代替"科学和技术",这就类似于中文中经常所说的科学技术或者科技。不过,跳出拉图尔最初界定技科学时所使用的这一语境,将这一概念放入拉图尔思想的整体之中，我们就会发现这一概念的内涵并非仅仅是将科学和技术结合起来。具体而言，它具有以下内涵：

第一，技科学模糊了科学和技术之间的界线，进而强调了科学理论和事实的建构性特征。在提出这一概念之前，拉图尔就借助巴什拉的现象技术概念表明了这一立场。与传统科学仅仅通过观察和数学来沉思这个世界不同，现代科学更加依赖于实验手段。例如，在密立根（Robert Millikan）与埃伦哈夫特（Felix Ehrenhaft）的争论中，密立根坚持认为存在最小单位电荷，即单个电子所携带的电荷量，而埃伦哈夫特则坚持分数电荷的存在，最终的裁决便是密立根的油滴实验（尽管后来也有学者指出密立根对实验数据的使用是存在问题的）。在此意义上，科学是靠实验技术来判定其合理性的。拉图尔认为，不管科学的理论还是事实，都必须依赖于一定的实验仪器和实验操作。如其所言，"一个给定的陈述，不可能在实验室之外得到证明，因为它的存在恰恰就是依赖于实验室的情境"[①]。

第二，技科学揭露了自然概念的虚假性，并对实在进行了重新界定。传统观点往往认为，科学是对自然世界中客观存在的对象的真实认识，因此，科学中的理论、事实都是科学家从自然中"发现"的。这里的逻辑是，先有自然，而后有科学。拉图尔认为，这一逻辑颠倒了科学研究的真实过程。因为在真实的科学研究中，只有等到科学争论结束时才能知道自然是什么。例如，拉图尔设想了居里夫妇与反对者之间的一场竞争，这场竞争的焦点是关于钋是否是一种新元素。居里夫妇对此持肯定立场。按照上述思路，

[①] Bruno Latour. *Science in Action*: *How to Follow Scientists and Engineers Through Society*. Cambridge: Harvard University Press, 1987: 183.

这场争论的过程应该表述如下：因为自然中存在着钋这样一种新的元素，并且居里夫妇发现了这种元素，所以居里夫妇在争论中取得了胜利。但问题在于，当这场争论尚未终结之时，居里夫妇、反对者以及其他的科学家对钋是否是一种新元素并无定论。那么，居里夫妇是如何取得胜利的呢？居里夫妇首先强调从沥青中提炼出的这种物质具有放射性，但具有放射性的物质很多，因此，放射性实验检测肯定是不够的。于是，居里夫妇设计了第二个实验，将这种物质溶解在酸中，而后加入硫化氢，这种物质则会发生沉淀。但满足第二个实验的物质同样很多，铅、铋、铜、砷、锑等都是如此。因此，居里夫妇必须设计第三个实验，如此等等。在经过了这一系列实验的检验之后，反对者终于承认这是一种新的元素。于是，居里夫妇为了纪念居里夫人的祖国，将之命名为钋。这样，钋作为自然的代表，是在争论结束之后才姗姗来迟的，"一个新的、令人敬畏的盟友突然出现在胜利者的营地之中，一个直到此时才现身的盟友，但现在却又表现得好像它一直就在那里：自然"①。拉图尔在这里要求的是，尽管人们用自然来解释争论的结束具有逻辑的合理性，但不具有实践的合理性，因为在争论过程中不管是某一观点的坚持者（如居里夫妇）还是反对者都会坚定地认为自然是与自己站在一起的，但至于自然到底支持谁，只有等到争论结束才能知晓。由此，拉图尔用技科学否定了自然实在论。

在此意义上，拉图尔借助技科学对实在进行了重新界定。"实在"一词的法文表述为 réalité，对应于英文的 reality，意为真实存在之物。科学哲学家们在不可观察实体如电子、中子等的实在性

---

① Bruno Latour. *Science in Action*: *How to Follow Scientists and Engineers Through Society*. Cambridge: Harvard University Press, 1987: 94.

问题上,分裂成为科学实在论和反实在论两种立场,前者认为这类实体是存在的,后者则一般否认这类实体的实在性。拉图尔的技科学模型则消解了这种实体性的思维方式,他强调,真实之物并非某种终极本质之物,相反,讲某物具有真实性或实在性,是指一种"阻抗"效应。就如在钚的例子中,当钚能够抵挡住所有反对者的异议时,它就是实在的。"在某一既定的情境中,任何反对者都无法改变某一新客体的具形,那么它就是一个新客体,就是实在,至少在力量的考验被改变之前它是如此。"①由此可见,物或实体是由一系列行动定义的,我们可以对钚的案例进行一次反向操作。如果你问一位化学家钚是什么,他不会拿出一块东西然后告诉你这就是钚,因为这根本没有标明钚的定义,相反,他会向你展示一系列实验操作,并告诉你,能够满足这一系列实验操作的东西才是钚。因此,钚所指代的并不是某种外在的、本质性的实体,而是一个过程。拉图尔将第一种定义方式称为实指性的,将后一种称为述行性的,前者设定了语言和世界的分割,而后寻求语言对世界的指称,后者则认为语言和世界都是在实践中被建构出来的,它们同在于某一实践过程之中。

第三,技科学打破了社会概念的虚假性,并对科学技术与社会之间的关系进行了重新界定。提及"社会"这一概念时,人们往往说"人类社会",意在表明只有人类才能称得上社会。拉图尔区分了两种社会学传统之下的社会概念。社会学家埃米尔·涂尔干(Émile Durkheim)将社会视为一个超越性的、可以作为解释资源的实体,这一概念的基础性地位为社会学中的社会决定论提供了

---

① Bruno Latour. *Science in Action: How to Follow Scientists and Engineers Through Society*. Cambridge: Harvard University Press, 1987: 93.

前提；而另外一位法国社会学家加布里埃尔·塔尔德（Gabriel Tarde）则将社会界定为不同要素的联结过程。拉图尔坚持后一种观点，认为社会学所研究的应该是不同要素之间的联结机制，而非作为超越实体的社会。在此基础上，拉图尔有时也会用"社会"一词来指代这种联结的建立过程，只不过需要注意的是，这里的社会不再是一个实体性概念，而是一个过程性概念。例如，在讨论科学文本的力量来源时，拉图尔说道："某一文献越是技术化和专业化，它就变得越是'社会化'，因为用以将读者驱离并迫使其接受某一主张为事实的必要联结在增加。"拉图尔这里所说的"联结"实际上是指论文用以强化自己论点的某些方法，例如引用权威观点、增加技术性细节、通过修辞提升文章的可信度和可接受度、提升自己的被引用率，等等。随着这些细节的不断增加，文章的专业性也不断增强，这就增加了文章的解读难度。一般情况下，我们会认为这些难度的增加是因为其专业程度的增加，当然，传统观点也认为文章中专业程度的增加和社会维度的排除是同一个过程。但拉图尔认为，如果我们对社会进行重新定义，如果我们能够挖掘出文章中的这些细节和策略，如引用策略、修辞策略、数据堆叠策略等，那么，文章的社会性不仅没有减少，而是增加了。正是在此意义上，拉图尔强调："这类文献如此难以解读、难以分析，并不是因为它逃离了一切常规的社会联系，而是因为它比所谓常规的社会关联更加社会化。"[1]

同时，技科学的概念也打破了科学技术与社会（哪怕是传统的社会概念）之间的边界。例如，谈到某项新技术的发明与推广时，

---

[1] Bruno Latour. *Science in Action*: *How to Follow Scientists and Engineers Through Society*. Cambridge: Harvard University Press, 1987: 62.

人们往往会认为科学家或技术专家先有了某种天才式的观念,然后将这一观念逐步实现并将之推广到市场,这中间是一条连续性的轨迹。这一立场表明了以下几点:第一,从科学或技术的观念性突破到实物性发明再到市场推广,这中间似乎具有连续性,也就是说科学或技术的传播是扩散性的,我们可以将这一模型称为技术传播的扩散模型;第二,科学或技术与社会之间的边界是明确的,科学技术产品被发明出来,然后再进入社会之中。拉图尔的技科学概念打破了上述两种立场。拉图尔以狄塞尔机的发明过程为例对此进行了说明。最初,鲁道夫·狄塞尔(Rudolf Diesel)根据卡诺热力学原理提出了一种有关理想发动机的想法,并撰写著作、申请专利,这一想法也得到了少数评论人士如开尔文勋爵的赞赏。接着,狄塞尔寻求机械制造公司的支持,并在几位工程师的帮助下,试图制造出一台发动机。在这一过程中,狄塞尔最初的想法发生了根本性的改变,拉图尔评价说:"经过对发动机整体设计的不断修改,狄塞尔游离了他原初的专利及其著作中所提出的那些原理。"①发动机完成之后,它似乎成了一个黑箱。"黑箱"是拉图尔从英国社会学家怀特利(Richard Whitely)那里借用来的一个概念,他最初用这一概念表明科学研究结束之后,其实践过程就成了一个被遮蔽的黑箱,因为人们只会关心科学的结果而不再关心科学的过程。从技科学的视角出发,拉图尔使用"黑箱"这一概念,意在表明某一科技产品可以被人们当作一个毫无疑问的事实来进行复制和传播。由此看来,不管是在第一层含义上还是在第二层含义上,科技工作者都会希望自己的产品成为黑箱。狄塞尔也是如

---

① Bruno Latour. *Science in Action*:*How to Follow Scientists and Engineers Through Society*. Cambridge:Harvard University Press,1987:105.

此,他希望自己的这一黑箱性产品能够被世界各地的工厂使用,能够进入各种轮船和卡车之中。然而,那些购买了这一模型机的公司却发现,发动机总是会抖动、熄火甚至解体。因此,各家公司要求退货,并最终导致了狄塞尔的破产。此后,机械制造公司的工程师们不断对发动机进行改进,每位工程师都为发动机加入了一些新的东西。最终,他们取得了成功,发动机成了一种可以跨越时空进行推广而不受质疑的产品。这个例子否定了在科学技术与社会关系上的上述两种立场。第一,从狄塞尔提出自己的想法,到第一台原型机被制造出来,再到最终成型的、作为黑箱的发动机被研制成功,这期间并不是一条连续性的线索,而是充满着断裂、充满着新要素的不断加入。进而,扩散模型也就失去了其合理性,因为狄塞尔机的推广过程充满了偶然性和机遇性,构成最终成型的发动机的各类要素,"它们并非导体或半导体,它们都是多导体,而且是无法预料的多导体。"[1]拉图尔将这种偶然性和机遇性称为"转译",这一概念表明了在技术发明过程中各种要素之间的作用以及它们对最终成型的技术产品之影响的偶然性与难以预测性。第二,既然各种要素对发动机的影响是构成性的,那么,科学技术与社会之间的界线也就难以划定了。例如,如果参与发动机研究的机械制造公司的立场发生了变化、参与设计的工程师构成发生了改变,诸如此类,那么,发动机所呈现出来的最终状态就完全可能是另外一副样子。在此基础上,拉图尔指出,任何技术产品的发明与推广,都是社会和技术之间相互构造的结果,在此意义上,它们之间的界线被消解了。

---

[1] Bruno Latour. *Science in Action*: *How to Follow Scientists and Engineers Through Society*. Cambridge: Harvard University Press, 1987: 104.

因此，拉图尔的技科学概念要求的是对传统科学技术哲学的彻底重构，这种重构既指向认识论，即对科学和技术产品之有效性、可靠性的认识论根基的考察，又指向社会学，即对科学技术及其产品的推广过程的分析。在此基础上，实在、客体、事实等概念都需要被重新界定。

拉图尔提出的技科学概念及其对这一概念展开的分析，在STS界迅速产生了非常大的影响。甚至可以说，自此以后，STS领域出现了一种言必称技科学的状态。那么，就这一概念的一般含义而言，它给我们带来了哪些重要的启示呢？

第二节 技科学的理论与实践审视

从上述讨论中，我们可以看出，技科学在以下几方面颠覆了传统科学哲学的理论框架：第一，技科学模糊了科学与技术的界线；第二，技科学模糊了科学技术与社会的界线；第三，在此基础上，技科学消解了事实与价值、主观与客观、自然与社会之间的界线。技科学之所以能够带来这种边界消解效应，关键之处在于，哲学家们不再将科学置于现实世界之外，而是将之放入了生活世界之中，这样，科学在认识论上的超越性就被实践的经验性所取代。而这种经验性所带来的便是一切纯粹概念的消解。

一、重审科学与技术的关系

一般情况下，提及科学时，人们往往将之与理论相关联；提及技术时，则往往将之与应用相关联。这样就形成了关于科学与技术关系的传统立场：科学的目的是认识世界，它所要解决的是理论问题，而技术的目的则是改造世界，它所解决的问题是应用性问题。进而，人们常说，技术是应用科学。上述表述蕴含着关于科学与技术之关系的相互关联的两种立场：一方面，科学与技术具有相对明确的边界；另一方面，从长远来看，基础科学的研究在将来可以转化为应用技术。

科学与技术的这种关系，经常出现在科学、技术、政策甚至哲学文献之中。例如，1945 年，美国科学发展局局长万尼瓦尔·布什（Vannevar Bush）向时任美国总统杜鲁门提交了一份有关美国战后科学发展的报告，报告的名字为《科学——没有止境的前沿：关于战后科学研究计划提交给总统的报告》。这份报告对战后美国科技政策的形成与发展起到了非常关键的作用。该报告明确表述了科学与技术之间的差别。"基础研究并不考虑实用的目的。它产生的是普遍的知识和对自然及其规律的理解。这种普遍知识提供了解答大量重要的实用问题的方法，但是它不能对任何一个问题给出完全具体的答案。"寻求这些具体答案是"应用研究的职责。从事基础研究的科学家对他的工作的实际应用可能完全没有兴趣，但是，如果基础研究长期被忽视，工业研制的更大进步终将停止"。显然，科学即基础研究，技术即应用研究，它们之间的差别是巨大的。科学的主要职责是寻求对自然规律的认识从而形成普遍性的知识，科学家的工作甚至并不具有实用性；技术的主要任务是寻求解决实际问题的答案，它以实用如推进工业发展为目标。因此，技术建立在科学的基础之上，"基础研究导致新知识。它提供科学资本。它创造储备，知识的实际应用必须从中提取"。在20 世纪，技术对科学的这种依赖关系更为明显，"今天，基础研究是技术进步的先行官，这一点比以往任何时候都更确切"。也就是说，技术越复杂，技术对科学的依赖性也就越大。进而，不管从科学研究本身来看，还是从技术进步的要求来看，基础研究都是非常关键的。19世纪的美国,尽管在技术方面取得了重要成绩,但这些技术成就是建立在"欧洲科学家的基础科学发现之上"[①]的。因此,"二战"后,一方面由于战争对欧洲带来的破坏使得"我们不能再期望将受战争破坏的欧洲作为基础知识的来源",另一方面美国要想在国际技术发展和贸易竞争中取得优势地位,就必须发展强大的基础研究。不过,自进入大科学时代以来,科研经费很难由大学、研究所等机构独立承担,同时,基础研究又难以产生快速直接的技术应用,"按其本性基本上是非商业的",因此,也无法期望工业部门能够资助此类研究。由此,基础研究的动力,"只有从政府中才能迅速产生"[②]。在上述报告的推动下,美国开始逐步建立国家科学基金会等科学研究的资助体制。当然,政府对科学研究的过度干预会影响科学研究的独立性,因此,政府的作用主要是提供资助,而对资助的使用则是由科学家来决定的。这种权力分配成为科学与政府之间契约关系的核心。

科学与技术的这种关系正越来越受到挑战。这种挑战可以总结为三种立场。第一种立场认为技术的发展具有相对独立性。美国国防部在20世纪60年代中期曾开展过一项名为"回顾计划"的研究,意在考察那些能够带来巨大军事收益的核心事件。调查显示,这些核心事件中91%是技术,8.7%是应用科学,只有0.3%是基础科学。显然,即便是在对科学研究投入巨大的领域中,科学对

[①] V.布什等:《科学——没有止境的前沿:关于战后科学研究计划提交给总统的报告》,范岱年、解道华等译,北京:商务印书馆,2004年,第63—64页。

[②] V.布什等:《科学——没有止境的前沿:关于战后科学研究计划提交给总统的报告》,范岱年、解道华等译,北京:商务印书馆,2004年,第69页。

技术的影响似乎并不大。① 第二种立场认为,与其说科学推动了技术的发展,倒不如说技术更加推动了科学的发展,因为技术手段的进步对科学研究的推动作用是非常明显的,例如,伽利略利用望远镜所进行的天文观测对日心说和地心说两种宇宙模型之间的更替产生了关键作用。第三种立场则更为强调科学与技术之间的相互依赖和相互渗透,技科学便是STS学者们用以表述这一关系的核心概念。

一方面,传统科学哲学家认为,科学研究的目标是描绘世界,进而基于客观的观察得到真理性的知识,因此,科学的目标仅仅是发现,而非发明或创造。不过,当代科学哲学家和STS学者则更强调实验在科学研究中的重要性。奥地利社会学家塞蒂纳(Karin Knorr Cetina)指出,科学哲学或者STS应该首先区分自然和实验室内所建构出来的世界,还指出,"看来似乎不能在实验室里找到自然,除非从一开始自然就被定义为科学研究的成果"。也就是说,当下的实验室科学并非以天然自然为认识对象,而是以实验室内所建构出来的世界为基础。研究对象的差异,使得科学家们追求的目标发生了变化,"使事物运行取得的成功,与追求真理相比,是一种更世俗的追求"。因此,实验室科学的任务不再是追求真理(尽管真理一词经常出现,但它要么作为一种修辞手段,要么只是指代对实验过程的真实描述,在后者的意义上,它已经不具有传统科学哲学的真理内涵了),而是取得实验的稳定成功、获得科学研究的可靠程序、制造出预期的科技产品等。因此,塞蒂纳

---

① 瑟乔·西斯蒙多:《科学技术学导论》,许为民等译,上海:上海世纪出版集团,2007年,第98页。

呼吁,我们应该"把科学研究看作建构性的而非描述性的"①。这种建构性的基础便是技术,在此意义上,当代科学的发展已经与技术融为一体。

另一方面,许多技术性学科也不再是一种纯粹的技术,例如生物技术、材料科学、纳米技术等,这些技术性学科的发展被打上了深深的科学烙印。这并不是说先有基础科学而后有应用性技术进而科学成为这些学科发展的基础,而是说科学和技术是同时进化的。就如人们常说的高新技术产业以及近几年才开始出现的新型工科等称谓,实际上都是在强调技术与科学关系上出现的这种新变化。

可见,基于科学的技术(science-based technologies)和技术导向型的科学(technologically-oriented science)打破了科学和技术的传统边界,甚至可以说科学与技术之间的边界变得模糊了。②巴什拉、奥托瓦、拉图尔等人提出的技科学概念,其核心目的就是为了描述当代科技研究中科学与技术的这种相互依赖、相互支撑、相互界定的关系,甚至可以说科学和技术开始具有了相似性。拉图尔的一段话可以为这种相似性提供进一步的说明。"现在我们可以理解,本书(《行动中的科学》)从一开始就没有在所谓的'科学'事实与所谓的'技术'对象或人工物之间做出区分。……'事实'创建者的问题也就是'对象'创造者的问题:如何说服他者,如何控制其行为,如何将有效资源聚集于一处,如何获得能够穿越时

---

① 卡林·诺尔-塞蒂纳:《制造知识:建构主义与科学的与境性》,王善博等译,北京:东方出版社,2001年,第6—8页。

② 瑟乔·西斯蒙多:《科学技术学导论》,许为民等译,上海:上海世纪出版集团,2007年,第100页。

空的主张或对象。"①

当然,技科学并非仅仅意味着打破了科学与技术的边界。一方面,如果科学具有了技术的某些属性,那么,它与社会之间的关联就会变得非常紧密,因为科学研究开始与物质资源、社会认可等联系起来;另一方面,科学研究也是一项人类的事业,因此,科学研究的成果不仅要取得自然的认可(取得成功),也要获得社会的认同(共同体的认可)。基于这两个方面,技科学的另外一个重要内涵就是科学技术与社会之间的界线的打破。

二、重审科学、技术与社会的关系

在关于科学与技术关系的传统论述中,还蕴含着一种立场,即认为科学是绝对独立于社会的,而技术与社会的关系则相对紧密。这种观点也越来越受到挑战。即便是在大学和科学研究机构中,研究人员也越来越与商界、军界等结盟,以获取更多的资助和支持,同时,研究人员也越来越注意通过申请专利来确保知识的独享权利,这与传统科学的公有性和共享性发生了冲突。在此意义上,国外有学者开始用大学—产业—政府之间互动的"三螺旋"来描述这种新变化,在中国的语境中,不管是政府还是学者则更多使用产、学、研一体化来表述这种新特征。我们可以进一步从我国科技部近年来出版的年度科学发展报告中找到对这种趋势的描述:

> 当前,全国以产业技术研究院、工研院等为代表的新型研发组织继续加速增长……例如,广东省与中国科学

---

① Bruno Latour. *Science in Action: How to Follow Scientists and Engineers Through Society.* Cambridge: Harvard University Press, 1987:131.

院合建了深圳先进技术研究院;江苏省成立了产业技术研究院……这些机构不同于传统的科研院所,在组建方式、运行管理、创新服务、人才评价等方面出现了一些新的特点和机制,是对现有体制的新探索,正成为新时期国家创新体系重要的新生力量。这些机构的新特征主要体现在以下四个方面:第一,面向产业化的研发导向……第二,创新、创业与创富为一体的价值取向……第三,企业化的运行机制……第四,自下而上与自上而下相结合的多元共建模式。①

因此,科学技术与社会之间的边界不复存在,当然,这并不是说科学技术与社会现象之间完全没有差别,而是说在科学技术与社会之间确立一条截然二分的界线的努力失败了。技科学成为学术界用以描绘这种边界打破现象的典型概念。正是在此意义上,有学者为技科学给出如下定义:技科学不仅意味着"科学与技术的互动性过程",同时还揭示了"它渗入人们生活的每一角落——从交通、信息到健康、娱乐——的方式"②。正是由于注意到技科学在科学技术之外拥有的内涵,拉图尔用技科学来"描述与科学之内容相关联的所有要素,不管这些要素是如何肮脏、如何出乎意料甚或看上去是如何陌生",由此,拉图尔指出"'科学和技术'仅仅是技

---

① 中华人民共和国科学技术部:《中国科学技术发展报告(2014)》,北京:科学技术文献出版社,2017年,第24页。
② Byron Kaldis (ed.). *Encyclopedia of Philosophy and the Social Science*. Los Angeles: Sage Publication Ltd., 2013: 990.

科学的一个子集"①。而在这个子集之外的部分，就是科学运作的社会机制。拉图尔通过描绘一位科学家的日常工作，进而给出了一个技科学发展的典型案例。这位科学家是美国加州某一实验室的负责人，拉图尔称之为"老板"。

　　3月13日，老板在实验室做了一整天实验。14日，老板先后接了12个电话，通过电话与同行讨论了一些专业问题。15日，老板坐飞机前往阿伯丁，与一位同行进行学术讨论，期间，老板仍然在给欧洲各地的同行打电话。16日早上，老板飞往法国南部，与一家大型制药企业的负责人见面，他们一整天都在讨论某些药品的生产与临床试验。16日晚间，老板在巴黎逗留，与法国卫生部长见面并商讨在法国成立一个新的实验室。17日，老板与来自斯德哥尔摩的一位科学家共进早餐，老板对这位科学家的一部仪器样品颇感兴趣，并想购买一部，同时承诺对这种仪器进行宣传，以唤起制造厂商对它的兴趣。同日下午，老板获得了索邦大学的荣誉学位，然后老板进行了一场演讲。在演讲中，老板痛斥法国的科技政策，批评了记者们对科学不负责任的报道，并呼吁成立一个专业委员会，以制止记者们的这种行为。晚上，老板飞往华盛顿。18日，美国总统办公室召开了一场大型会议，参加者包括总统、老板和糖尿病患者代表。在会议上，老板极力宣扬自己的工作对于治疗相关疾病的重要性，然后痛斥美国科技政策对自己工作的妨碍。患者们呼吁总统给老板以支持，总统承诺将尽力而为。中午，老板在国家科学院参加了一场工作午餐，他试图说服同行成立一个研究机构，以便引导和规范相关研究。同时，他们也在讨论如何否定

---

　　① Bruno Latour. *Science in Action*: *How to Follow Scientists and Engineers Through Society*. Cambridge: Harvard University Press, 1987: 174—175.

另外一位同行的观点。下午,老板参加了一个专业杂志的编委会会议,他抱怨审稿人因为对相关研究一窍不通而拒绝大量优秀稿件。在返程的飞机上,老板修改了一篇有关脑科学与神秘主义的文章,这篇文章是一个教会朋友邀请他写的。下午晚些时候,老板赶到学校,正好是其授课时间,课程最后,老板呼吁年轻人加入他所从事的这一欣欣向荣的领域。课后,老板召开会议,讨论了相关课程改革问题。19日,有人要为实验室提供一百万美元的资助,资助方来实验室进行实地考察。20日上午,老板试图说服一家精神病院的医生进行相关药物的临床试验。同时,老板建议医生与其合写一篇论文。下午,老板到了一家屠宰场,试图说服老板采取一种合理的屠宰方法以免损伤羊的下丘脑,两位老板争论得非常激烈。下午晚些时候,老板狠狠教训了一位博士后,他没能按时完成科研任务,接着,老板与同事讨论购买何种实验材料,并分析了新获取的相关实验数据。①

可以看出,这位老板的大部分时间都在实验室外奔忙,他频频接触政客、企业高管、媒体、宗教徒等传统上与科学研究似乎无关的人士或行业,他为了谋求对专业研究的掌控并否定同行的观点而呼吁成立专业学术机构,为了推进自己的专业研究而与政府、企业合作,并通过公众向政府施压以迫使政府实行对其有利的科技政策,为了本学术领域的繁荣而要求更改专业杂志的同行评议专家名单,为了更广泛地正面宣传自己的研究而向媒体施加影响,为了自己的研究领域后继有人而呼吁年轻学生加入他的劳动力阵营,为了获取临床数据而与医生合写论文(这是一个双赢的过程),

---

① Bruno Latour. *Science in Action: How to Follow Scientists and Engineers Through Society*. Cambridge: Harvard University Press, 1987: 153—155.

为了获得更好的实验材料而与屠宰厂老板讨价还价，诸如此类。跟随这位科学家，我们发现了复杂的社会关系。

需要注意的是，这里的社会关系对技科学的影响是构成性的，即是说，社会关系进入了技科学的最终构成之中。换句话说，如果抽离了社会关系，技科学的最终样态将会发生改变。例如，如果没有了同行的支持，老板的观点将无法得到承认；如果脱离了政府和资助人的帮助，实验室的进一步发展将会受到影响；如果缺乏临床数据，论文将难以完成；如果缺少了动物的下丘脑，实验也将无法展开，如此等等。当然，主张社会关系能够影响技科学的最终样态，并非指技科学与人类其他的社会事务无异。显然，技科学的核心特征之一仍然是其物质性，即实验操作是其不可分割的一部分，尽管并不是其全部。因此，在描述了实验室外的科学家的同时，拉图尔也描绘了实验室内的一位科学家。这位科学家与实验室外的老板似乎有着根本不同，她希望把所有的时间都花在实验上，她几乎不与实验室外的世界接触，如果有的话也仅仅是与其他地方的同行交流科研问题。因此，当实验室外的科学家在社会中频频穿梭的时候，实验室内的科学家似乎却要与社会保持距离。

那么，对科学研究而言，哪种科学家的形象更为重要呢？当然，两种科学家都非常重要。但是问题在于，实验室内的科学家的可代替性更强，而实验室外的老板的可替代性要弱得多。甚至可以说，实验室内的科学家之所以能够在一个安定的环境中全身心投入工作，就是因为实验室外的老板在不断地向实验室输送着各种资源。拉图尔谈及了实验室内外关系的辩证法，"技科学之所以能够拥有一个内部，是因为它拥有了一个外部"，在内外部的关系中"存在着一个正反馈：科学的内部越强大、越硬、越纯粹，其他科学家就必须在外部走得更远"。拉图尔用一个比喻表明这种关系：

实验室内的纯粹科学家,就像是无助的雏鸟,而实验室外的科学家则像成鸟一样忙于筑巢和供养他们。① 甚至可以这么说,"那些真正从事科学研究之人,并不总是站在工作台前;相反,某些人之所以能够站在工作台前,是因为更多人在其他地方从事着科学研究"②。

因此,科学技术与社会之间界线的弱化是以科学与技术之间界线的弱化为基础的。一方面,当科学成为大科学研究时,它必须在大量资源的前提之下才能展开,因此,科学研究与资源的获取与利用就不可避免地联系到了一起;另一方面,当科学开始走出纯粹理论的象牙塔,开始获得技术的属性从而进入日常生活时,它也就获得了技术与社会关系的各种维度,它与政治、经济、伦理等方面不可避免地纠缠在一起。

三、技科学的哲学审视

与传统科学哲学相比,当代技科学研究的最关键差异在于,后者主张认识论与本体论的融合,而前者仍然坚持两者的分裂。具体而言,传统科学哲学将科学的主要任务视为表征,这是认识论研究的范围,若要谈论表征则必先有被表征的对象,这是本体论所要考察的对象。于是,传统科学哲学的基本结构就是,预设一个外在的、确定的、独立的世界,而后寻求对这种世界的表征,如果这种表征能够达成对世界的真实认识,科学研究就诞生了。这种认识论意义上的科学是独立于社会之外的,因为它的评价标准仅仅在于

---

① Bruno Latour. *Science in Action*: *How to Follow Scientists and Engineers Through Society*. Cambridge: Harvard University Press, 1987: 156.

② Bruno Latour. *Science in Action*: *How to Follow Scientists and Engineers Through Society*. Cambridge: Harvard University Press, 1987: 162.

外在的世界。技科学的基本立场是科学研究并不是一个抽身世外的主体反思一个外在的客观世界的产物,相反,科学家在进行科学研究的过程中一直在不断地干预并改造着物质世界,因此,科学就成为人与世界之间进行行动性交流的方式。这种本体论意义上的技科学是熔铸于社会实践之中的,它不再具有先验的内涵。在此意义上,科学是什么、科学理论的选择标准、科学与社会之间的关系等,都需要进行重新理解。

1. 理论与观察的关系

在这一问题上,传统科学哲学主张维持观察的独立性,并通过一系列方法论规则将理论还原为中立性的观察,在此意义上,理论要以观察为基础。在这一框架下,观察或实验的地位具有内在的矛盾性,因为尽管理论以观察或实验为基础,但当科学研究完成之后,观察或实验的作用又被消解了,理论成了对外在自然的反映。社会建构主义则强调观察的理论负载,并以此消解观察的独立性,观察独立性的消失意味着它难以作为理论的基础,于是,社会建构主义在维持理论对观察的独立性的基础上,进一步令理论委身于社会。于是,科学变成了一种纯粹的社会产物。这两种进路的共同之处在于维持理论与观察之间的二分,而后试图用其中之一来消解另外一个。技科学则表明,理论与观察之间是相互共生的关系。我们可以在拉图尔对"流动指称"概念的考察中看到这一点。拉图尔认为,理论与观察、语词与世界之间并不是分裂的,而是呈现出一种连续性的状态。以对巴西某地区热带雨林与草原之间界线变化的研究为例,科学家必须首先到雨林和草原的现场进行测量并按照某种规则做出一系列标记,接着在这些标记之处打孔,从土壤层的一定深度取出土壤样本,将之放入土壤比较仪的方格之中,然后为这些土壤样本标记颜色,进而将土壤比较仪的样本结构用示意图表示出来,最终,这些示意图出现在科学论文之中。这样,从科学研究的现场到科学研究的最终产物(科学论文)之间的一个完整的科学研究序列就完成了。但这个序列告诉我们的是,科学研究的每个阶段都充满着理论与观察(事实)的纠缠,土壤样本是按照既定规则打孔取出的,土壤比较仪中所存放的土壤样本是按一定的规则排列的,实验室里的科学仪器也不过是理论的物质化呈现。甚至可以说,当土壤比较仪被带回实验室后,它显然会被当作事实来对待,但相较于科学考察的前一阶段如打孔阶段,土壤比较仪中的样本却又具有了很强的理论性,因此,观察与理论的身份是复杂的,具有相对性。只不过当科学研究结束时,所有这一切都被论文中的数据的客观外显所黑箱化了,论文并非是对科学研究过程的历史呈现,而仅仅是对论文所要论证观点的逻辑辩护。可以看出,理论和事实之间的割裂只是一种假象,因此,客观主义和社会建构主义的前提就被消解了。

2. 合理性问题

合理性问题是指科学理论的选择标准问题。然而,不管是逻辑经验主义还是波普的证伪主义,他们的标准要么太过严格以至于按其标准某些科学理论可能会被排除在科学范围之外,要么又太过宽松甚至于将某些非科学乃至伪科学囊括在内。特别是针对前一点,哲学家拉瑞·劳丹(Larry Laudan)指出,传统科学哲学的目的是为科学划定一条祛情境的界线,这条界线在逻辑上要求太过严格,在现实中也不具有可操作性。他说道:"如果我们……接受对合理性信念范围横加限制的素朴的合理性理论,那么不合理信念的范围——因而也就是社会学的范围——就会变得很大。相反,如果我们接受一个更为丰富的合理性理论,那么许多信念就成了'内在的'了,因此就不容许做社会学分析。"①劳丹这里的意思是,传统科学哲学的合理性概念太过狭窄,从而使得那些科学实践中确实存在的(在传统看来)非理性因素被排除掉了。面对严苛的合理性标准,相对主义可资利用的资源就非常多。于是,客观主义与相对主义之间的对立也就产生了。因此,必须拓展合理性的内涵。拉图尔、哈金等人都将科学的合理性落脚于技科学的实践过程。正如上文所说的"流动指称"概念,理论的合理性根基在于从自然到论文的指称链条的完整性,如果完整性缺失,合理性也就丧失了。不过,这种链条是异质性的,也就是说,它是自然、理论、实验、数据选择与解读方法、研究传统等结合在一起的异质性网络。哈金同样强调实验室内各类异质性要素之间的稳定关系对于实验室科学的重要性。于是,先验的主客分割就被现实行动所替代,如其所言,"实验哲学家必须摆脱语义学的束缚,更多地去思考事物和行动,而不是思考观念和期待"②。而科学的确定性就是成熟的实验室科学所展现出来的"理论形态、仪器形态和分析形态之间可以彼此有效调节的整体"③。进而,"客观性、合理性都是内在于科学实践与历史的"④。这种合理性理论的实质在于,将合理性标准的确定权从哲学家交到了科学家手中。因为传统科学哲学的合理性理论都是哲学家们基于对科学研究过程的逻辑重构而创立

---

① 拉瑞·劳丹:《进步及其问题》,刘新民译,北京:华夏出版社,1999年,第210页。

② 伊恩·哈金:"实验室科学的自我辩护",载于皮克林主编《作为实践和文化的科学》,柯文、伊梅译,北京:中国人民大学出版社,2006年,第62页。

③ 伊恩·哈金:"实验室科学的自我辩护",载于皮克林主编《作为实践和文化的科学》,柯文、伊梅译,北京:中国人民大学出版社,2006年,第33页。

④ 邢冬梅:"当代S&TS的'唯物主义回归'",《学习与探索》,2012年第9期,第15页。

的,他们并不太关注科学研究的实践过程;而在技科学的语境中,拉图尔等人主张合理性的界定权应该交还给科学家,而哲学家则应该从科学家对科学的辩护机制中寻求对合理性的描述。进而可以说,传统合理性理论的评价标准以外在自然为基础,它坚持的是一种本质主义进路;而技科学意义上的合理性理论则以科学实践为评价标准,它所要考察的是科学家接受某一科学理论的原因或基础,进而,它所坚持的研究仅仅是一条描述主义进路了。

合理性问题的另外一个层面是科学的地方性与普遍性之间的矛盾。科学是在地方性情境中被生产出来的,因此它是一种地方性知识;但它又能走出实验室,因而它又具有全球性和普遍性。那么,如何在不否定地方性的前提下达成对普遍性的说明呢?哈金和拉图尔从技科学的角度对此进行了说明。哈金指出,"环境……重复了在实验室的纯粹状态中首先出现的现象"。因此,将"实验室科学应用于世界上的某一部分时,这一部分就被转化为了准实验室"[1]。即实验室中发生的现象、理论、仪器共同为地方性知识的扩展提供了辩护,有效性的扩展需要以实验室的扩展为前提。拉图尔同样认为,科学有效性的扩展,必须要求与之相随的行动者网络的扩展。巴斯德在实验室中得到的疫苗在遥远的农场中仍然可以发挥作用,这是因为巴斯德通过对农场的一系列改造活动,将它变为了一个新的实验室。换句话说,最初作为实验室产物的疫苗,在与农场的地方性情境的博弈中,共同导致了一种新的地方性本体现象的诞生,这是疫苗的有效性发挥作用的真实过程,这就像

---

[1] Ian Hacking. "The Self-Vindication of the Laboratory Sciences". In: Andrew Pickering (ed.), *Science as Practice and Culture*. Chicago: University of Chicago Press, 1992: 59—60.

火车的行驶要以铁路网络的扩展为前提一样。因此,科学有效性的地方性并不排斥普遍性,而且这种普遍性的存在必须要以其地方性为根基。

3. 实在论与反实在论之争

传统实在论与反实在论的一个共同前提就是世界与语言之间的二分,其争论核心是科学能否成为世界与语言之间的桥梁。实在论者首先预设一个外在的客观世界,然后认为科学能够承担认识客观世界的重任;而反实在论者则一般认为对科学的认识并不具有真理性,知识要么仅仅是一种有用的工具,要么是一种纯粹的社会建构。但是,从技科学的视角来看,传统实在论和反实在论都将科学局限于语言的牢笼之中,是对实践过程的虚假描述,因而也就无法解决彼此之间的争论。我们可以从科学研究的真实过程来思考这一点。科学家在研究之初,甚至在科学共识达成之前,人们是无从知晓科学争论的最终结果的。例如,钋是不是一种新元素、细菌是不是自然发生等问题,我们只有在争论结束后才能知道。也就是说,钋作为一种新元素、细菌的具体属性成为一个自然事实,仅仅是在有关这些事实的主张被认可为科学之后。就此而言,实在是科学研究的结果而非前提。按照拉图尔和皮克林等人的分析,人们之所以将这种结果误认为前提,是因为在科学争论的黑箱被关闭之后,人们进行了两次虚假的操作:一次是割裂,按照技科学的描述,科学陈述是与实验过程同在的,因为其合理性与有效性都必须以实验室的情境为基础,割裂的意思也就是说将实践过程中原本同一的科学(认识论)与实践(本体论)一分为二,于是,二元论的假象便产生了;第二次是反转,即在分裂发生之后,作为科学研究的最终结果反而成了科学研究的前提。于是,实在论的解释就诞生了。而反实在论者同样坚持认识与实践的分割,只不过,他们并不认为科学能够达成对实在的说明。

技科学的研究者提出了一种新的实在论,这种实在论的一个典型特点是,在本体论上将时间性赋予实在,进而在认识论上将科学奠基在这种时间性的实在之上。就本体论而言,人们一般有三种方式进行讨论。第一种方式强调科学中的某些实体尤其是不可观察实体,是被科学仪器所建构出来的,例如,许多物质都是"化学制剂或人工制造物",就如水一样,H_2O 与自然状态的水不仅在"化学意义上"相差甚远,甚至"拥有不同的所指"[1]。在这种进路中,水仍然是一种实体性的存在,只不过它是被实验室操作赋予了时间性。第二种方式认为,我们不能直接讨论"某物是由分子、原子还是电子等微观粒子"构建起来的,但可以说如果我们"发射电子到铌球上","铌球的电荷改变了",在此意义上实在论不再等同于唯物论,它采取了因果论的形式,"电子是实在的",因为"它们产生效应"[2]。新实验主义的某些哲学家如南希·卡特赖特(Nancy Cartwright)、哈金等坚持这一立场。第三种方式采取了关系主义的界定,即某一概念并非实指外在的某个实体,而是指代一系列的实践过程或行动过程,就如同居里夫妇所说的钋元素,并非指代某种外在于实验的先验实体,而是指内在于实验操作的建构性实体。实在并非是实体性的,它成了某种关系效应。拉图尔、约翰·劳(John Law)等代表的行动者网络理论多采取此种立场。如果本体论具有了时间性,那么,认识论也就必须具有时间性。当然,本体论意义上的实在论者在认识论上并不一定是实在论者,如哈金

---

[1] Ursula Klein, Wolfgang Lefèvre. *Materials in Eighteenth-Century Science*. Cambridge: The MIT Press, 2007: 70.

[2] 伊恩·哈金:《表征与干预:自然科学哲学主题导论》,北京:科学出版社,2010年,第31页。

的立场就是如此。不过,拉图尔坚定指出自己在认识论上也是实在论者。他认为,科学知识是实在的,即科学相对于其指称链条而言是真实的,也就是说,知识不再以外在的先验实体为依据,而是以具体的实践过程为基础。在此意义上,知识真正地把握了实在,只不过,这个实在本身只能用经验性的实践来界定。进而可以说,认识论和本体论在技科学的实践考察的基础上合而为一了。

4. 主客二元论的崩溃与世界的重构

如果知识与实在、认识论与本体论之间的二元结构被消解了,那么更为一般的主体与客体之间的二元论该如何处理呢?这涉及两个问题:第一,技科学能否以及如何消解主客二元论;第二,如果主客之间的二元结构被消解,那么人与物的关系又该如何界定。

近代哲学的思路是,首先预设一个纯粹主体的世界和一个纯粹客体的世界,而后选择其中一极为另一极的基础,或者用某一极来消解另外一极。这样,在纯粹的主体或客体之上,就可以建立起一个秩序化的世界。科学哲学中各种立场之间的争论也是以此为哲学基础的。从上述有关技科学的考察可以看出,从实践的角度出发,客体与主体、自然与社会并非科学研究的前提,而仅仅是其结果。从客体或自然的角度来说,致癌鼠、电脑、汽车等,都是一些人造之物,在此意义上,在技科学的影响之下,物的世界在不断增殖;从主体或社会的角度来说,在很多时候某些技科学的出现都会带来社会结构的改变,例如,转基因技术的出现将社会结构重组为了挺转基因派和反转基因派,这样,传统社会在性别、种族等分类标准之外,又出现了一种新的分类标准。因此,不管自然和社会都以技科学为基础进行了重新界定,二元论不复存在。

二元论不存在,是否就意味着人与物之间没有差别呢?这确实成为很多人对当代技科学中的某些学者如拉图尔等的批评理由。例如,人们会说人具有意向性、主动性,物却没有。实际上,技科学的研究者,即便是拉图尔,也并非主张人与物丝毫没有差别。他们的立场是,人与物、社会与自然并不具有封闭的边界,它们的当下实存的获得或者说它们的当下定义都是一个历史过程。其核心在于否定本质主义进路。因此,在他们看来,重要的问题并不是"人是什么"、"物是什么",而是"人何以为人"、"物何以为物"。关于人或物,并不存在先验界定,一切都需要在技科学的实践过程之中被形塑下来。这样,人的能动性、主动性等都并非人天生具有,而是在与物的世界打交道的过程中获得的一种具身性的能力,就如同汽车驾驶、电脑操作,等等。在此意义上,人被物的世界所改造。因此,拉图尔指出:"主体性似乎也成了一种流动的能力,成了某种与特定的实践体联系在一起的、可以部分性的获得或丧失的一种东西。"[1]同样,物有时也会分有人的存在,就如身份证这样一个符号性的存在,在很多时候也成为人实现其主体性所必不可少的一部分。因此,从技科学的视角来看,人与物是有差别的,只不过这种差别并非先验差别,而是在后天的实践中被构造出来的。拉图尔的一句话可以为此提供很好的总结,"外在的世界并不存在,这并不是因为世界根本不存在,而是因为不存在内在的心灵"[2]。世界是存在的,心灵也是存在的,只不过世界并非外在,心灵亦并非内在,它们都是实践世界的建构之物。

5. 事实与价值二分法的坍塌

事实与价值之间的二分,是近代科学的一个重要本体论前提

---

[1] Bruno Latour. "On Recalling ANT". In J. Law, J. Hassard(eds.), *Actor Network Theory and After*. Malden: Blackwell, 1999.

[2] Bruno Latour. *Pandora's Hope*. Cambridge: Harvard University Press, 1999: 296.

和方法论基础。不过,从技科学的视角来看,这种二分显然带有虚假性;不仅如此,技科学要求我们将伦理关怀纳入科学研究之中,真正从求真的科学走向求善的科学。

首先,事实与价值的二分是近代科学家们如伽利略等和近代哲学家们如洛克等建立起来的,20世纪的逻辑经验主义又进一步强化了这种二分。按此观点,科学只关乎事实,而形而上学、伦理学等维度都需要被排除在事实的领域进而也就是科学的领域之外。技科学的研究表明,这种二分并非是一种先验二分,而是人们对真实历史的事后虚构。就如霍布斯和波义耳有关"真空是否存在"的争论所表明的,它表面看来是一场有关事实问题的争论,但实际上与波义耳的社会地位、证据强化技术、实验哲学家的边界、英国资产阶级革命时期的社会状况以及两人的宗教立场等联系到了一起。形而上学、价值似乎在近代科学的开端处就融入了科学之中。我们今天看到的只讲事实的波义耳和只见价值的霍布斯,仅仅是双方后继者的一种选择性重构。不管在历史上还是在现实的科学研究中,科学都是由物质、社会、话语三种维度的因素所构成的,只不过当科学研究结束之时,黑箱被关闭之后,所有这些在传统看来非事实的因素和非理性的要素都被抹去,于是就只剩下了冷冰冰的实在和孤零零的知识。

其次,与古希腊和近代早期那种"沉思式"的科学不同,今天的科学已经全面介入了自然和社会的历史进程之中。因此,科学的目标并非先是超然世外而后沉思这个世界的本质,它的最直接的目标就是为了改造现实。由此,"为科学而科学"的理念在当今社会中也就难以为继了。在19世纪,科学家们曾经就能否用"科学家"一词来指代他们的工作,展开了激烈的争论,这场争论所表明的就是在历史变革时期,两种科学观之间的论战。今天,称呼某人为"科学家",这似乎是很高的荣誉,但在19世纪,很多科学研究者是非常排斥这一称呼的,其根本原因就在于这一称呼将科学视为了一项职业、一种谋生手段,这对传统超然世外的科学态度是最大的贬低。时至今日,是否愿意食用转基因食品、是否认可在住宅附近建设工厂或手机信号发射塔、装修材料的污染问题,等等,所有这些都不再单纯是一个是否支持科学家们追求真理的问题,因为所有这些技科学都重构了我们的生活甚至社会结构。因此,技科学不再是纯粹的事实问题,它也成了一个社会问题、价值问题。在此意义上,道德、价值、伦理等同样不再拥有一个封闭的边界,它的内容也要随着技科学的发展、随着技术人工物的不断增多而增加。就此而言,我们便能够理解奥托瓦的立场了,当他说技科学否定一切甚至否定伦理的时候,并不是说不需要伦理,而是说伦理不再单纯是建立在一种封闭的人性概念基础之上,相反,它应该建立在被技科学所改造过的现实生活之中。

6. 科学与社会关系模型的重铸

传统的科学概念主张科学在认识论上的自主性,这进一步赋予了科学家在社会学意义上的自治性。也就是说,科学家拥有一套不同于其他社会制度的规范,依靠这些规范,科学家能够进行充分的自我管理,并不需要外界的干预。罗伯特·默顿(Robert King Merton)的制度社会学框架和迈克尔·波兰尼(Michael Polanyi)的科学共和国式的自由主义科研模式为此提供了基础。技科学的研究表明了科学、技术与社会的一体化趋势,这也就意味着这种自治模式走向了失败。例如,当代军事技术的发展已经无法用"科学家制造武器、政治家掌控武器"这么简单的程序性划分来进行说明了,如果原子弹天生就是一个政治人造物,那么,那些科学家是否一开始就在制造着一种科学与政治的混杂物呢?在此意义上，科学家的职业责任和公民责任、国家的安全需要、国际军备竞赛等都成为这一科学—政治混杂体的内在部分。再如，近几十年来学术界或者说商业界出现了一种学术和商业一体化的趋势，出现了所谓的"学术型企业家"。这些人跨越了科学家与企业家的界线，他们可以是学者，并且很多人也在从事着学者的工作，教学、学术研究、发表论文、建立学术共同体，同时也在从事着经营的工作，他们自己开办企业或者在企业任职并且时常与媒体、政府打交道，特别是在气候和环境问题日益突出的今天，他们也开始将环境纳入自己的技术—社会事业之中。在此意义上，技术的创新往往会在学术研究、政府、商业（或工业）、媒体或社会、环境五者的交界地带产生。① 于是，技科学开始跨越既存社会的一切边界，成了一个混杂之物，或者如实践哲学家们所说的"怪物"②。

这样一项生产"怪物"的事业，会将那些被排除在传统科学研究之外的诸多范畴重新纳入科学实践的事业：研究者的社会责任、技科学的创新原则（谨慎的还是主动的）、如何迎合社会需求甚至创造出新的社会需求、如何在符合环保要求的基础上进行技科学的研发、如何与政府或国际组织等合作制定出新的行业标准（包括环保标准），等等，所有这些都成了科学的内在之物，也就成了技科学的研究主题。

---

① E. G. Carayannis et al. "The Quintuple Helix Innovationmodel: Global Warming as a Challenge and Driver for Innovation". *Journal of Innovation and Entrepreneurship*, 2012(1): 2.

② John Law. *A Sociology of Monsters: Essays on Power, Technology and Domination*. London & New York: Routledge, 1991.

扩展阅读

Bruno Latour. *Science in Action：How to Follow Scientists and Engineers Through Society*. Cambridge：Harvard University Press，1987.

布鲁诺·拉图尔:《我们从未现代过》,刘鹏、安涅思译,苏州:苏州大学出版社,2010年。

瑟乔·西斯蒙多:《科学技术学导论》,许为民等译,上海:上海科技教育出版社,2007年。

思考题

1. 如何理解科学与技术的关系?
2. 技科学为我们审视科学技术与社会之间的关系带来了哪些改变?
3. 如何理解观察与理论的关系?

第三章 学院科学商业化的历史与哲学审视

20世纪末爆发的科学卫士与社会建构主义者之间的"科学大战"主要围绕一些所谓的深奥的"认识论问题"（如真理、客观性与进步）打转转，而不去解决实际问题。双方都认同科学的合理性，但缺失对实践理性——运行中的科学合理性的思考。事实上，隐藏在科学大战中的主要问题是：科学在当下运行的状态及其所带来的科学和社会的关系的新问题。20世纪90年代后，随着科学实践哲学的兴起，人们开始关注运行中的科学及其内涵、机制、组织与形态。这样，学院科学的商业化就开始进入STS的视野。

第一节 学院科学的商业化

与传统科学以认识论层面上的真理为追求目标不同，当代学院科学开始呈现出一种商业化的趋势。面对这样一种趋势，某位实验室主管人员承认，"在全球性的竞争环境中制胜的唯一法宝就是围绕客户展开研究"，在此情境下，研究者的时间分配也发生了很大的变化,"我们对消费者的了解远胜过对自己的了解。您想知道我们是如何做到这一点的吗?我们的技术人员几乎花费了其四分之一的时间与客户交流"。科学家们也承认,"我们定期与那些给我们合同的商业团体打交道","我从理论物理学跳转到了顾客最喜欢的地方","转向信息科学仅仅是为了获得合同。这已经偏离了真正的计算机研究"①。

一、科学研究模式的变化

二战期间,"科学—军事—国家的联合体"对盟国的胜利起了重要作用。战后,布什等起草的那份报告《科学——没有止境的前沿》,在美国创立了一种科学与社会之间的契约。这一契约的内容是:首先,在国家与科学家之间的简单分工是国家为科学制定议程并提供基金,科学家进行知识生产,随后被工业发展成为有用产品来服务国家。在这种科学知识的生产模式中,大学是生产基础科学的主要力量,并享有高度的自治与学术自由。其次,基础研究不受实践效用的控制,政治家无须介入科学管理,在决定研究什么与如何研究的问题上,科学家应被赋予充分的自由。科学家所担心的是管理性资助会危及科学的自律性,因为前者很可能关注于实用的主题,使科学的议程服从于政治的权力。这种科学运行机制的一个基本前提为:社会福利是通过追求认知真理而不是直接与福利或商业挂钩来实现的。科学由此进入了"大科学"阶段。大科学起源的背景可追溯到"二战"时期的曼哈顿工程,但其获得大规模发展的背景是冷战,原子弹的制造在前所未有的规模工程计划

---

① Roli Varma. "Changing Research Cultures in U. S. Industry". *Science, Technology & Human Values*, 2000, 25(4): 405.

中调动了物理学家共同体。到了20世纪60年代,随着NASA与美国空间计划的出现,大科学就被牢固地贴上一个标签:大规模组织、大量基金的投入与复杂的技术系统,与军事—工业—学术复合体联系在一起。

丹尼尔·格林伯格(Daniel S. Greenberg)在《纯科学的政治》一书中指出了大科学的一个困境:如何保持科学在认知上的自主性,但同时又使它服务于国家与公众的利益。[①] 冷战结束后,这种困境开始突现出来。自20世纪60年代以来,在长达几十年的时间里,科学家们制造出了越来越快的加速器、越来越精密的望远镜,开发海洋资源,将人和探测器送上外太空。当这些成就被西方人以极大的热情认同的时候,20世纪80年代末,随着苏联的解体及冷战的结束,美国与欧洲国家开始大规模地削减或停止与冷战相关的研究项目,与军事计划紧密联系的大科学逐渐衰退。物理学家德里克·普里斯(Derek Preece)在20世纪60年代早期曾预言,成指数级数增长的大科学已经走向终结。例如,20世纪80年代,美国物理学会想建造一个大型工程——超导研究(SSC),但由于美国国会的反对而被迫取消。对于很多科学家而言,SSC项目的终止意味着社会对科学态度的转变。许多科学家特别是物理学家失去了工作机会,故而转向工业与商业机构寻求资金来源,或转行进入华尔街之类的商业机构,人们将这些科学家戏称为华尔街的"导弹部队"。诺贝尔物理学奖得主里恩·李德曼(Leon Lederman)认为,这就是"前沿的终结"[②]。这使得学院科学被迫

[①] Daniel S. Greenberg. *The Politics of Pure Science*. New York: New American Library, 1967: 272.

[②] Leon Lederman. "The End of the Frontier". *Science*, 1991(251): 3—20.

走向了商业化道路。

20世纪80年代以前,知识产权的观念一直被学院科学所排斥,因为它违反了科学的基本理念——无私利性。即使是在大科学阶段,这种基本的理念仍被保持着。物理学家菲利普·阿本尔森(Philip Abelson)指出:"在科学史中,从来没有如此之多的优秀心智在如此大规模的基金的支持下,工作得如此勤奋,但其回报如此之少。"[1]学院科学是指与商业或企业的研究中心或实验室相比较,在大学中或由公共基金所资助的研究院所从事的科学研究。事实表明,学院科学研究已经开始日益为获利而展开,通过知识产权、创新专利、版权与许可证等机制来实现商业化,主要体现在遗传学、遗传工程、生物医学、药理学、计算机科学、通讯与信息科学等学科中。汉斯·雷德(Hans Radder)区分了两种意义上的学院科学的商品化:"从狭义上来说,商业化等同于商品化,即销售研究者的专长与其探索的结果……从广义上来说,学术商品化意味着所有的科学活动及其结果主要依据经济标准来进行解释与评价。"[2]世界上最重要的一些大学已经开始积极地响应这些发展。当许多大学的科学家仍然保留其在大学的教职,并时常介入大学管理时,他们便成了这些公司的顾问或专利持有者,通常能获得数百万美元的回报。简言之,大学已经开始创业化。随着这些经济的、法律的、意识形态的与科学的发展,一种新的社会体制诞生,它可以被描述为"新社会契约"(the new social contract)、"后学院科学"(post-academic science)、"模式2科学"(Mode 2 science)、

---

[1] Philip Abelson. "Are the Tame Cats in Charge?". *Saturday Review*, 1966 (49): 102.

[2] Hans Radder(ed.). *The Commodification of Academic Research: Science and the Modern University*. Pittsburgh: the University of Pittsburgh Press, 2010: 4.

"大学—工业—国家的三螺旋结构"(triple helix of university-industry-state)与"全球化的私有性体制"(globalized privatization regime)。这些标签表明了一种共识,即新体制是基于知识的资本化,通过知识产权的不断扩展和公共基金研究的不断私有化,在大学与工业之间所形成的前所未有的合作,所有这些大学都被称为"创业型大学",其主要任务就是通过出售自己的知识产品或专长来获利。

二、学院科学商业化的社会背景

学院科学商业化的趋势,具有深刻的社会背景。

1. 经济与政治因素

20世纪70年代以来,几乎所有发达国家都进入了一个新的阶段,即"知识经济",其中,专家知识成为生产中最重要的因素。同时,一个全球化的世界市场成为事实,在全球规模上的国家之间的经济竞争达到了一个新高度。随着美国的里根主义与英国的撒切尔主义的出现,新自由主义经济政策席卷世界,反对资本的自由流动的国家障碍已经开始被清除,私有化被视为解决从失业到低效率等所有经济问题的神奇手段。同时,为了战胜正在兴起的"亚洲虎",如日本与韩国,美国政府通过了大量的法律来促进大学与工业之间的结合,其中最重要的是1980年通过的"拜杜法案"(Bayh-Dole Act),即"专利和商标法修正案"。这项法令规定,当利用联邦政府的基金进行研究时,小公司、大学与非营利组织对其发明的成果拥有知识专利。1987年,这一法令被扩展到大公司。这些法令安排背后的理由纯粹是商业的,它们鼓励大学与工业之间的合作,促进技术从大学向工业的转移。

毫无疑问,专利化能够刺激科学技术的创新,也能够促进社会的进步与发展。如在1980年颁布"拜杜法案"以前,美国联邦政府通过了大约30 000项专利,但仅有不到5%的专利转化为新产品,其中的主要原因在于美国政府没有足够的资源去把这些专利转化为商业上的用途。这一法案通过之后,大学的反应极为迅速,开始与工业结合,做到了美国政府没能做到的事情。在启动这一法案之后不到20年的时间内,美国大学所拥有的专利增长了10倍,而同期美国全国的专利数只增加了两倍。通过其所拥有或分享的专利权利金,大学在财政上获利丰厚。如在2000年,美国大学从专利权利金中获得总数超过10亿美元的收入。科学家个人也因此获利,因为他们享有了获得基金与赚钱的新机会。科学家在保留其大学教职的同时,还时常受到大学管理层的鼓励,他们开始成为顾问、CEO或某些公司的专利持有者,每年可有数百万美元的收入。企业或公司同样会获利,它们在新发明上的投资增加了其利润。此外,作为大学对企业或公司投入的基金的回报,后者不仅享有专家的劳动力、实验室与仪器,而且对于这些科学研究成果拥有优先权或独占专利权。当然,公众同样也是赢家,因为新药与新治疗法可能会挽救他们的生命,或解除他们的痛苦。总之,一种多赢的奇迹开始出现。

2. 新自由主义的意识形态

政府认为一种自由的、不受约束的市场经济是资源配置的最有效的机制。因此,大学开始被视为类似公司的实体,需要利用诸如效益、生产力与利润来引导。由于担心被切断预算而引发资金困境,大学开始积极地响应这种意识形态,开始转向创业型大学。

3. 法律因素

1980年,美国最高法院通过了一个关键性法案,即著名的查克拉巴蒂(Chakrabarty)案例所引发的专利法,它打开了转基因生物与材料的专利化大门。最先被赋予专利的是一种能够分解原油的细菌,它是由一位在美国通用电器工作的工程师查克拉巴蒂通过遗传工程改造而成的。赋予这一细菌以专利权的最主要的理由是,这种细菌是一种有用的人工制造物,它在自然界中的任何地方都不可能被发现。在最高法院通过这项法案后不久,DNA、RNA、蛋白质、细胞系、基因、基因检测、基因治疗技术、重组DNA技术、转基因植物,甚至生命体也被美国专利与商标办公室授予专利。

4. 科学的因素

近30年来,技科学成了科学、技术与社会之间关系的代名词。这尤其体现在计算机科学与技术、通讯与信息技术、遗传工程与生物医学等方面。技科学的两个特征尤为引人注目。首先,技科学并非只把科学知识视为一面反映世界的镜子,而主要把它视为一种改变世界的力量。科学、技术与社会形成一张无缝之网,也就是说,在这些领域中,基础科学与应用科学、科学与技术、自然与社会、认知与文化、知识与权力、发现与发明、事实与价值等之间的传统界线消失了。其次,技科学具有很强的实用主义内涵,它把科学视为一种实现功利主义目标的实践方式,社会与经济利益、目的与目标制约着技科学的发展。技科学的这两个特征既是学院科学商业化的体现,反过来也加速了其商业化的进程。

第二节 学院科学商业化的哲学反思

学院科学的商业化已经彻底打破了传统科学研究"为真理而真理"的认识论传统,它不仅对默顿式的制度社会学同时也对传统科学哲学的诸多信条提出了很大的挑战。

一、学院科学商业化对科学规范的挑战

较早对科学规范进行研究的是美国社会学家默顿。不过,默顿社会学的前提是将科学视为认识论的知识,而社会学则是为了达成知识的真理性而对科学家提出行为约束的分析工具。于是,科学知识的内核属于认识论,而其外围保障则属于社会学。如果我们用技科学来代替认识论的科学,用商业化来刻画学院科学发展趋势,那么就会发现,默顿为科学所制定的那一系列规范就需要进行重审了。

科学具有自己独特的精神气质,它们是规训科学家行为的规范。精神气质不仅包含着诸如无偏见性(人们常称之为客观性)、科学知识与发现的公有性,还有诚实性、自由、尊重试验对象与环境、社会责任等。在科学体制中,默顿指出:"科学的精神气质是指约束科学家的并带有情感色彩的价值观和规范的综合体。这些规范以规定、禁止、偏好和许可的方式表达。它们借助于制度性价值而得以合法化。这些通过戒律和儆戒来传达、通过赞许而加强的必不可少的规范,在不同程度上被科学家内化了,因而形成了他的科学良知。"[①]默顿进一步把"科学的精神气质"概括为四种规范:"普遍性、公有性、无私利性与有组织的怀疑论"。

学院科学的商业化是如何影响着这四条规范的呢?

普遍性首先是指对科学理论的接受或拒绝,并"不依赖于提出这些主张的人的个人或社会属性;他的种族、国籍、宗教、阶级和个

[①] R. K. 默顿:《科学社会学:理论与经验研究》,北京:商务印书馆,2003年,第363页。

人品质也都与此无关。客观性拒斥特殊主义"①。其次,"坚持普遍主义的标准。科学的国际性、非个人性、实际上的匿名性特征得到了重申"②。也就是说,坚持普遍性必然会要求科学成果的公有性。公有性是指科学上的重大发现都是社会协作的产物,因此它们是社会的共有财富,发现者个人对这类财产的拥有权是极其有限的。用名字命名的定律和理论并不能够为其发现者及其后代所独占,科学惯例也没有赋予他们使用和处置这些成果的特权。科学伦理的基本原则把科学中的产权削减到了最小限度。"科学家对他自己的知识'产权'的要求,仅限于对这种产权予以荣誉上的承认和尊重,如果制度功能稍微有些效用的话,这大致意味着,共同的知识财富的增加具有重要意义。因而以名字命名,如哥白尼体系、玻意耳定律等,只是一种记忆性和纪念性的方式。"③默顿多次明确强调,保密及专利与科学成果是科学共同体共同拥有的思想相冲突。

但是,对基因、DNA、细胞株与任何生命机体,包括各种可能的动物,进行基因修改,随后通过专利法把它们转化为知识产权,进而成为个人或利益集团的牟利工具。这样,它们就不再是科学共同体的共有财产,更不属于社会。无论这种专利制度能够提供何种社会福利,毫无疑问的是它已经开始破坏科学知识的普遍性与公有性。因为它强调科学成果的保密性,违反了普遍性,并像一

---

① R.K.默顿:《科学社会学:理论与经验研究》,北京:商务印书馆,2003年,第365—366页。

② R.K.默顿:《科学社会学:理论与经验研究》,北京:商务印书馆,2003年,第368页。

③ R.K.默顿:《科学社会学:理论与经验研究》,北京:商务印书馆,2003年,第347页。

种弊病一样开始扩散开来。当某个大学接受来自企业赞助的某项研究时,双方签订的合同就时常包含着保密条款,这些条款不允许学院科学家在未经资助公司的文字认可的情况下发表其成果。1995年,《新英格兰医学杂志》进行的一项研究表明,在排名前50的大学中的许多科学家接受了来自美国国家健康研究院的资助,其中的1/4包含着工业关系。就相关商业保密或对其同事进行信息保密的比例来说,它们是那些未涉及工业关系的科学家的两倍。[1] 哈佛医学院的一项研究得到了类似的结论。47%的遗传学家指出,他们在3年中至少有一次被禁止公布与发表研究结果的信息、数据或材料。仅有28%的人提出,之所以不公布的原因在于他们不能确证所发表成果的准确性。[2] 在这种情形下,即使科学家个人或共同体意图坚持普遍性或公有性标准,这也是很困难的,因为一张类似于"卖身契"的合同已经把他们置身于他人的控制之下。药品"左甲状腺素钠"便是典型案例之一。它是由位于美国麻省的弗林特实验室(Flint Laboratories,一家制药公司)生产的一种药品,用来治疗甲状腺激素缺乏所引起的疾病。该公司在生产这类药品的市场中占有85%的份额,每年有5亿美元的销售额。由于担心来自于其他公司的竞争,弗林特实验室决定资助研究,希望研究者能够证明本公司的药比其他公司的更好。为了达到这一目的,1988年,弗林特实验室管理层与美国旧金山的加州大学教授贝蒂·董(Betty Dong)及其他管理人员之间签订了一份协议,并给予25万美元的资助。协议中有一项保密条款:"从这

---

[1] Daniel S. Greenberg. *Science, Money, and Politics*. Chicago: The University of Chicago Press, 2001: 357.

[2] Sheldon Krimsky. *Science in the Private Interest*. Lanham: Rowman & Littlefield, 2004: 83.

项研究中获得的所有信息必须保密,只能供参与董教授研究的相关人员使用。从药物研究中获得的发现也须保密,不能发表或在未得到弗林特实验室书面许可的情况下公开。"[1]1990年,贝蒂·董完成了她的研究,结论是其他四种相互竞争的药物与左甲状腺素钠有同样的疗效。她及时将报告送交弗林特实验室,但公司当即向大学提出异议,称董教授的研究存在问题。随后,加州大学又进行了两次独立的调查,发现这项研究并不存在任何问题。董教授将相关研究结果以论文的形式提交给了声望很高的《美国医学学会杂志》,不久,该杂志便准备发表此文。然而,当上述公司发现董教授投稿后,它就提出了协议中的相关保密条款,并威胁将起诉加州大学。结果,董教授在离论文即将发表的数周前撤稿。由此可见,董教授的研究受财政资助的影响十分巨大,因为如果医生开出更便宜的另外一种相似药物,那么患者每年就会节约3.65亿美元的开支。这当然也意味着弗林特实验室的利润会直线下降。

"科学也像许多其他职业一样,把无私利性作为一个基本的制度性要素。"[2]无私利性意味着科学家应该独立于他们的个人利益、意识形态等去追求和评价其发现。无私利性地追求科学,能够防止科学家隐藏或捏造其探索的结果,可防止其个人偏见、利益与意识形态对结果的侵蚀。然而,无私利性正在受到威胁,例如,各种专利法鼓励大学与工业的结合,这显然会引导科学家更关注于专利与经济上的利润。其结果便是,在医学研究中,"不良"数据成为一个严肃问题。发表在《普通内科医学杂志》上的一篇文章检验

---

[1] Sheldon Krimsky. *Science in the Private Interest*. Lanham: Rowman & Littlefield, 2004: 15.

[2] R. K. 默顿:《科学社会学:理论与经验研究》,北京:商务印书馆,2003年,第373页。

了107例受控医学试验,这些检验依据两个问题展开:受试者喜欢新疗法还是旧疗法?这些疗法是受到制药公司的资助,还是非营利组织的资助?结果发现,71%的受试者喜欢新治疗法,而其中43%的试验得到了制药公司的资助。相反,只有29%的受试者喜欢传统疗法,其中仅有13%受制药公司的资助。更值得注意的是,在这107例试验中,没有一例去检验由某个赞助公司生产的某种药品是否比其他公司生产的类似药品更有效。① 研究还表明由制药基金资助的研究结果极容易出现人为偏差,因为在试验过程中随机临床试验时常被滥用。社会学中大量的案例表明,科学家之间存在着利益的冲突,如典型的情况是,某一科学家主持了一项研究,"表明"由某一公司制造的药品 A 比由其他公司生产的类似药品 B 更为有效,而由生产药品 B 的公司资助的另一位科学家的研究却表明 B 比 A 更有效,随后又有大量材料揭露出这两位科学家所受到的资助背景。更令人担忧的是,如今许多一流的科学家都是私人公司的股东或 CEO,他们中的某些人开始运作自己的公司,或充当公司的顾问。他们被邀请成为诸如食品与药品管理局(FDA)或环境署(EPA)的专家委员会顾问。由《今日美国》2000年进行的一项研究表明,在 FDA 专家委员会评估会议上,专家之间利益冲突的比例在1998年至2000年这段时间内急剧升高,依据所评估的主题的不同,比例介于33%到50%之间。② 谢尔顿·克里姆斯基(Sheldon Krimsky)概括道:"当选择专家时,你所依据的要么是高的伦理标准,要么是高的科学标准,但你不可能同时拥

---

① Sheldon Krimsky. *Science in the Private Interest*. Lanham: Rowman & Littlefield, 2004: Ch. 9.

② D. Cauchon. "FDA Advisors Tied to Industry". *USA Today*, 2000-9-25.

有两者。一流的专家更喜欢商业关系。这可能就是应用于伦理与科学关系中的海森堡的测不准原理。"[1]这种形势开始迫使某些顶级刊物修改其原来的严格政策。如《新英格兰医学杂志》原来规定,如果作者与发明某种药物的公司具有资金上的联系,或不存在竞争者,就不会发表该作者关于这种特殊药物的疗效的研究论文。然而,这在当下的现实中很难维系,如今完全独立的专家几乎不存在。自2012年以来,该杂志便放弃原有规定,开始接受以下这类文章,即只要它们的作者每年接受的资助低于1万美元。

有组织的怀疑论"既是方法论的要求,也是制度性的要求。按照经验和逻辑的标准将判断暂时悬置和对信念进行公正的审视……科学向具有潜在可能性的、涉及自然和社会方方面面的事实问题进行发问"[2]。科学通常具有两种功能:以发问的精神去探索自然、以审视的态度服务于社会。19世纪下半叶以后,人们开始追求技术上有用的知识,但科学知识从未被当作商品出售,或作为获利的产品。作为一个知识生产的场所,大学一直在非专利或非获利的原则下追求真理。作为一个非营利组织,大学对整个社会而非某个群体负责。科学的商业化颠覆了大学的认知与社会功能,科学不再被公众视为享有高度信誉的东西,而这正是由于当下的科学传递着一种与人们的固有印象相反的东西。如今,科学家的形象是保密的、具有偏见的,更关心金钱而非真理,这种形象正在摧毁科学的社会地位,正在侵蚀大众对科学批判性精神的信任,并破坏了科学的社会合法性。科学中的奖励系统也在发生变化,

---

[1] Sheldon Krimsky. *Science in the Private Interest*. Lanham: Rowman & Littlefield, 2004: 104.

[2] R. K. 默顿:《科学社会学:理论与经验研究》,北京:商务印书馆,2003年,第376页。

传统的科学奖励主要体现在荣誉方面,重在对知识贡献的认可与尊重,这种系统在知识生产的历史中一直扮演着很好的规范作用。但随着科学商业化逐渐将重心从认知转向金钱,那些获得企业资助或专利的科学家被赋予了高度的荣誉,相反,那些缺少资助或专利的科学家便被贬低为无用之人,仅仅是大学资源的消费者,而非生产者。上述的奖励系统的变化将大学转变为商业公司,从根本上破坏了科学共同体的怀疑性批判精神。

正因如此,默顿的规范在20世纪70年代就受到了知识社会学的批判。巴里·巴恩斯(S. B. Barnes)、迈克尔·马尔凯(Michael Mulkay)与杜尔比(R. G. A. Dolby)等人开始从极端的社会建构主义的立场来解构默顿规范。他们认为,既然科学是基于利益与权力,那么默顿的规范不只是一种科学家极少遵守的幻想,而且更重要的是,它们实际上仅发挥着一种服务于科学家利益的意识形态功能。他们甚至还尊重一些反规范,如特殊性、私有性、有私利性与教条主义。正如马尔凯所说:"当规范与奖金的分配正相关时,社会规范就会被制度化。"[①]

然而,我们并不赞同社会建构主义的极端解构立场。事实上,近20年来,面对着学院科学商业化对科学事业带来的极大冲击,科学共同体已经开始行动起来:(1)公开承认学院科学商业化已经产生了负面影响,对有关造假与科学不端行为的典型案件进行充分曝光与批评;(2)针对这些负面的社会影响制定出一系列行为准则,强调科学家职业上的诚实性与科学家的社会责任;(3)对科学家的管理而言,学术研究杂志与科学管理机构应主动承担起

[①] M. J. Mulkay. "Norms and Ideology in Science". *Social Science Information*, 1976, 15 (4—5): 641.

自身的重大责任。2007年,在葡萄牙里斯本召开了首届由欧洲科学基金会(ESF)和研究活动诚实性办公室举办的"世界科学诚实性"大会,并发表了相关报告。其中,该报告特别提到了科学被商业化渗透所带来的各种问题。类似地,2003年英国皇家学会的一份报告就使用了引人注目的标题《保持科学的开放:知识产权对科学行动的影响》,并警告人们,有证据表明专利化可能会鼓励一种私密的风气,对科学的成功来说,它会限制至关重要的思想与信息的自由交流。1994年,美国化学学会颁布了新的《化学家行为准则》,提出了一些新的伦理准则。2002年,美国物理学会制定了新的《专业行动准则指南》,强调"每一物理学家都是这一共同体中的公民,都享有这一共同体的福利。只有基于诚实的行为,整个共同体成员之间才会充满信任,就能最好地推进科学的发展。欺骗行为或任何其他有意阻碍科学发展的行为都将是不可接受的"[1]。

这些新的学术准则表明,科学知识生产的商业化情境不同于默顿在1942年写下"科学的社会规范"时的情境,但同样也不同于社会建构主义在20世纪70年代批评默顿规范时的情境。科学共同体的危机意识已经开始增强。现在真正的问题在于,如何超越强纲领那种狭窄的、描述性的观点,将默顿规范融入当下学院科学商业化的情境之中。正如雷德指出的那样,问题在于"默顿的科学的精神气质在学术研究广泛商业化的年代是否仍可以充当一种有价值的视角"[2]。科学共同体目前的做法便是一种很好的尝试。在某种意义上社会建构主义的确是合理的,默顿的规范纲领过于

---

[1] American Physical Society 2002.
[2] Hans Radder (ed.). *The Commodification of Academic Research: Science and the Modern University*. Pittsburgh: the University of Pittsburgh Press, 2010: 7.

抽象,当下科学共同体应将其置于科学实践之中,并将其转化为诸如科学的诚实性、可信性、谨慎性、开放性等这些具体的指导科学家行为的准则。如今,有关科学家行为的具体伦理准则已经开始被制度化,这一事实反映了科学共同体对商业化引起的问题的担忧。价值与规范的行为准则,如科学的公有性、诚实性与开放性至少能部分地消解上述负面效应。

二、学院科学商业化对科学哲学的挑战

从科学哲学的角度来说,学院科学商业化的负面影响首先体现在认知与体制层面。例如,学院科学商业化开始影响科学的研究议程和问题,大学与工业的结合,使得研究的议程与问题转向那些有望获得专利或商业上可能获利的研究项目,特别是在生物医学、遗传学与药理学方面。科学家的研究兴趣开始被企业与公司的利益所引导,而不是科学的价值与社会的效用。如对涉及治疗热带疾病的药物研究就很少,而数以百万计的发展中国家的人民正在饱受这些疾病的折磨。"根据世界健康组织的报告,与R&D相关的健康研究的95%主要用于解决工业化国家的问题,仅有5%用于解决人口众多的发展中国家的健康问题。"[1]这种冷漠与不公正的主要原因在于这些研究无法充分获利。除了研究问题的选择外,商业化同样还影响着科学研究的内容。国外学者的几项研究表明,基金来源与科学研究成果之间存在着重要的正相关性。"私人基金可能会误导科学研究成果,使它有利于资助者的利

---

[1] World Bank. *World Development Report*. New York: Oxford University Press, 1998: 132.

益。"①就如上文所述《普通内科医学杂志》上的那篇文章所表明的那样。

  这些现象是值得哲学家们深思的。即使人们承认带有偏见的结果是由财政利益所引起的,学院科学与企业之间的合作的存在本身却无法"证明"这一点。那么,这里是否存在着另类的说明?例如,有可能是杂志对发表否定的结果不感兴趣,或公司只资助那些事先有把握获得有利于该公司的研究数据的科学家。② 什么样的说明是合理的或最佳的? 这显然是科学哲学家要回答的问题。另外,上述有关研究结果具有偏见性的讨论也向科学哲学家提出了这样的问题,即利益是否会直接影响科学的内容? 这一直是科学哲学与社会建构主义之间激烈论战的主题之一。科学哲学要想解决这些问题,就必须摆脱自己长期玩弄抽象的思辨游戏的习惯,转向科学实践,将主要精力放在案例研究中,尤其是有关医学研究的案例中。

  学院科学商业化的负面影响另一方面表现在发明与发现的关系上。长期以来,发现的概念属于实证主义,发明的概念属于建构主义,实证主义与建构主义在二者的关系问题上进行着长期无休止的"无果之争"。从科学实践哲学的角度来看,所有的对象都是在自然与社会、认知与文化、事实与价值的纠缠态中被建构出来的,因此是发明与发现的结合。正如致癌鼠案例所表明的那样,正因为它是一种建构之物、一种实用之物,即它包含着发明的成分,因此其专利化才有合法性基础。按照专利法,发明是可以专利化

---

  ① Sheldon Krimsky. *Science in the Private Interest*. Lanham: Rowman & Littlefield, 2004: 146.

  ② Noretta Koertge. "Expanding Philosophy of Science into the Moral Domain: Response to Brown and Kourany". *Philosophy of Science*, 2008(75): 779—785.

的,发现却不能。同时,致癌鼠之类的人工物的出现依赖于人类的目的与价值,而非抽象的形而上学。这里的价值可能是科学的、技术的、宗教的、道德的、经济的或法律的,相互之间还可能会产生冲突。对科学哲学家来说,这里隐含着一些有趣的问题,如何种价值起决定作用,当不同种类的价值之间相互冲突时,该如何权衡与评价它们,诸如此类。这种讨论必然会转向价值与目的领域,为科学哲学打开伦理反思的大门。

三、学院科学商业化对伦理的挑战

在过去的 20 年中,学术界已有大量文献开始研究学院科学的商业化现象,然而,主流科学哲学家却一直未能关注该现象。原因在于,囿于价值无涉的客观性的神话,科学哲学一直不愿涉及诸如政治、经济以及相应的道德问题。这也就是卡尔纳普给科学哲学划定的界线。科学哲学要"像科学一样,在实践目标保持道德或社会价值无涉的中立态度"[1]。事实上,学院科学的商业化为科学哲学提供了某些值得关注的重大问题,如"客观性"问题。例如,科学研究早已表明气候变暖与人类活动有关,然而,由世界石化巨头资助的气候变化研究却得出了相反的结论。正是由于这些特殊利益的介入,在当下,居然有半数美国人相信气候变化与人类活动无关的"科学"结论。再如,1964 年《吸烟与健康:咨询委员会对美国公共卫生署局长的报告》已经明确指出吸烟有害健康,这份报告也促使美国政府对烟草宣战。然而,在 1980 年,一项由烟草巨头资助的研究项目在调查吸烟与心脏疾病的联系时,得出的结论却是如

---

[1] Carnap Rudolf. "Intellectual Autobiography". In: Paul Arthur Schilpp (ed.), *The Philosophy of Rudolf Carnap*. La Salle: Open Court, 1963: 23.

此:"在客观的医学文献得到有关吸烟的严格定论之前,我们还有许多方面需要了解,吸烟可能是有害的,也可能并非有害,这就是我们目前得知的情况。"[1]为了追求利润,制药行业已经无数次地利用科学的客观性信誉和大众对科学的信任,以学科报告的形式,践踏了科研道德、危害了病人的健康。学术与医学机构为了回报金钱的资助,也开始默许或配合这些企业。这样,在学院科学商业化的浪潮中,企业、政府等多元利益主体都在不断冲击着科学场的边界,使科学场内充满资本竞争、权力博弈与机制转换。充当权力的经济资本,在有着较高商业回报率的领域拥有相当的话语权。受经费资助的科学家时常不得不服从于商业巨头的控制,满足其商业需求。而后者则将前者积累的"纯科学资本"变现为专利,试图垄断市场。商业巨头甚至可以影响政治场域,以科技之名,运用各种修辞手法与官僚结盟,成为影响科技决策的"看不见的手"。也正因为如此,实验室基础研究与商业应用研究之间的严格界线正在消失。在科学研发与商业、政治联系更加紧密的今天,科学共同体或个人主动或被迫地与商业利益结合,这极有可能使科学丧失"客观性"。值得注意的是,上述来自工业巨头资助的研究都披上了"客观性"的修辞外衣,成为美国政府在最近几次世界气候变化大会上谈判的主要筹码,成为跨国商业巨头不正当获利的"科学"依据。因此,当下侵蚀科学权威性的最深刻的认知根源恰恰就在于对价值无涉的客观性幻想的坚持。

在这种背景下,科学哲学应跳出其分析哲学的框架,走向科学

---

[1] Daniel S. Greenberg. *Science for Sale*. Chicago: The University of Chicago Press, 2007: 3.

实践,走向科学"得以起源的生活世界"①,从而重审科学哲学中的某些中心问题,如认知与伦理的关系问题。把伦理因素引入科学中,合理性问题并不会因此消失,因为合理性关联着的是科学家的行动,而不是抽象的科学规范。对于科学共同体来说,合理性应体现在两方面:(1) 认识论的合理性,它反映出知识的内容,决定着接受或拒绝某些知识主张。(2) 实践的合理性,它决定着什么样的实验能够并值得进行,在这里,"价值的理性陈述是科学研究正常功能的内在组成部分"②。伦理的、社会的、政治的价值会本然地进入科学,并不承受某些科学哲学的认识论规则的制约。为此,某些科学哲学家(如劳斯、基切尔,杜普里)提出,科学的目标应该是有意义的真理(significant truth),而不仅是客观真理(truth)。"对科学的良好组织的研究来说,最重要的是有意义的真理标准。"③"有意义"则意味着科学不仅在认知上是有价值的真理,而且其认知真理也只有依靠实践价值才能得以实现与理解。正如基切尔所说,科学"在必要的条件外,存在着一个对意义的要求,这种意义不能按照某种投射性的理想(完整的科学、万物理论或理想的地图集)来理解……科学的意义必须参照特定群体的特定兴趣与特定的历史的背景来理解"④。"我们需要一个'理论的'或'认知的'意义的观念,以帮助我们将具有内在价值的真理标识出来……

---

① 蔡仲:"科学哲学为何要回到'唯物论'——从'数学与善'的关系来看",《学习与探索》,2016年第4期,第1页。
② 菲利普·基切尔:《科学、真理与民主》,上海:上海交通大学出版社,2015年,第13页。
③ 菲利普·基切尔:《科学、真理与民主》,上海:上海交通大学出版社,2015年,第15页。
④ 菲利普·基切尔:《科学、真理与民主》,上海:上海交通大学出版社,2015年,第16页。

同时,道德的与社会的价值看作是内在于科学实践的。"[1]如科学中所提出的问题、研究的主题、使用的设备、研究的分类框架,甚至我们的研究对象,都会受到以前或当下的道德、经济与政治价值的影响。因此,认识论不能把自身置于生活世界之上,相反,它只有与实际价值相权衡,才能创造出一个具有道德导向的良序科学(well-ordered science),才能造福于人类。

事实上,针对当下学院科学商业化中所暴露出来的问题,在全球范围内,科学共同体开始制定新的行为规范。1999年,联合国教科文组织(UNESCO)召开了一场制定"全球科学家的行为准则"的世界性会议,会议承认科学当下正遭受着一个严峻的形象问题。在世界大部分地区,人们不再相信科学在本质上是人类的施恩者,也不再把科学与一个追求文明的启蒙形象相联系。对科学家在伦理与责任上的诚实性的信任,当下正在转变为对各种滥用的怀疑与恐惧。因此,科学家对社会、环境、人类甚至无生命之物的多样化的责任问题开始喷发出来。这种严峻的事态要求全世界科学家担负起对社会、对这一代人或下一代人的伦理责任以及对环境的现代化责任。[2] 与此同时,许多国家的专业(如物理学、化学或生物学)学会已经跳出默顿式的一般规范,开始制定其专业共同体的特殊行为规范。

伦理准则是科学共同体对其实践所面临的严肃问题进行反思

---

[1] 菲利普·基切尔:《科学、真理与民主》,上海:上海交通大学出版社,2015年,第18页。

[2] International Council for Science's Standing Committee on Responsibility and Ethics in Science. "Ethics and the responsibility of science. Background paper for the World Science Conference, Budapest June 26—July 1, 1999". *Science & Engineering Ethics*, 2000; 6(1).

的结果。这些反思包括对滋生科学中学术失范和道德困境的结构条件(如基金源、出版物与科学的同行评议)的社会思考,以及改变这些结构条件以消除这些问题的政策建议等。但所有的反思都要基于这样一种科学哲学的理解,即一个恰当或不恰当的科学行动是指什么。正是在这种意义上,哈金把"客观性"解读为警惕"不恰当的科学行动"的诫命。哈金认为科学哲学中通常会有两种客观性观念:(1)实践层次中的问题:在具体问题上,哪些研究享有科学的客观性?如当转基因研究源于孟山都公司的基金时,我们能够信任这种研究吗?(2)二阶叙事的问题:把客观性视为一种先验的认识论中的抽象问题,如什么是科学的客观性标准?转基因科学的研究满足科学客观性的标准吗?哈金认为,像第二类关于"客观性"的思辨讨论只是一种徒然的概念游戏,所导致的只是听起来很重要,但是不切实际并且无益的争论。哈金呼吁,"让我们走向案例,而不是寻求普遍性",因为"客观性是有关客观性的过去的用法,其关联的是实践"[1]。哈金的这种想法源于美国实用主义哲学家奥斯汀。奥斯汀曾暗示,一个词的日常用法就是其意义,因此,我们应该讨论各种语境中的客观性。哈金把客观性视为一个形容词,而不是名词。这意味着"客观性"是指在不同的语境中,科学家的研究活动是否满足"客观的"要求。如我们为何相信量化分析?为什么我们做决策时,时常利用科学家提供的数据?这并非源于数据的无偏见性,而是源于当下社会在历史中形成的一种实践惯例。在这种意义上,我们可以说数字是"客观的存在"。其次,

---

[1] Ian Hacking. "Let's Not Talk About Objectivity". In: F. Padovani et al (eds.), *Objectivity in Science: New Perspectives from Science and Technology Studies*. New York: Springer, 2015: 19.

由于社会与经济之类的价值因素不断介入科学共同体,"客观的"之类认识论术语的意义便会不断地发生变化,这就需要我们追踪科学研究的细节活动。在这种追踪中要考虑的另一个问题是:我们应该相信谁提供的数据?这是隐藏在"客观性"阴影中的一个严肃的问题。这关系到外行或公众对科学的信任问题,其中最典型的例子就是有关全球气候变暖的论战。哈金旨在判断专家能否遵守"客观的"要求。就此而言,对"形容词",如"客观的"的判定,应依据其否定的形式,即什么行为"不是客观的"来理解。故而,"客观的"更像是一些实践中的道德诫令,"让我们突出诫令方面"①。在不同的语境中,"客观的"意味着:不允许忽视证据、不允许忽视批评、不允许损害他人的利益等。让"客观性"从科学理论走向科学家的实践、让抽象的认识论规则转化为科学家行为的道德规范,哈金的工作不仅为科学家的行为准则提供了哲学上的解释,而且还有助于提高科学家行为的反身性。以这种方式扩展我们关于科学合理性的观念,能促使科学哲学更好地服务于科学,服务于社会。这才是科学哲学的立足之根。

总的来说,学院科学的商业化已经对科学产生了前所未有的影响,其中,某些方面是值得肯定的,某些方面是人们不愿看到的。1957年,匈牙利哲学家波兰尼在其名著《巨变:当代政治与经济的起源》一书中生动地描述了土地、劳动与金钱的商业化对社会的解构性影响。一种类似的过程也开始出现在今天的科学之中。这些解构性影响涉及的范围广泛,包括从科学问题的选择到科学内容、

---

① Ian Hacking. "Let's Not Talk About Objectivity". In: F. Padovani et al (eds.), *Objectivity in Science: New Perspectives from Science and Technology Studies*. New York: Springer, 2015: 20.

从发明与发现之差别到科学的精神气质。如果这一过程缺乏规则制约,学院科学的商业化有可能颠覆科学的认知与社会功能。长期以来,大众尊重科学、相信科学,期待具有自治力的科学共同体发出独立的批判声音,提供更多的明确信息,特别是在健康与环境问题上。而保密的、带有偏见的、由金钱而不是真理所驱动的科学家形象可能会侵蚀公众对科学成果的信任,破坏科学的社会合法性,窒息科学的进步。现在的问题在于,何种政策既能保证科学的商业化给人类带来的福利,又能制约其负面效应,这是科学哲学家面临的最紧迫任务。因为所有的科技政策与规范的制定都是基于这样一种前提:今天的科学究竟指什么?这种分界问题一直是科学哲学的主要问题。然而,由于深受英美分析哲学的影响,科学哲学一直玩弄抽象的概念游戏,企图寻求一组逻辑上充分而必要的分界标准,结果就是劳丹在1986年宣告科学哲学中"分界问题的消亡"。而分界问题的消亡直接导致科学政策失去了根基、科学发展失去了整体方向,同时也导致大量的伪科学以创新的名义在社会上泛滥,给科学与社会造成了大量的危害。现在看来,不是分界问题的消亡,而是科学哲学的研究方法出了问题。科学哲学要想承担起当下的社会责任,就必须走出象牙塔,走向科学家的实践,从"发现的语境"与"辩护的语境"的相互结合中去思考科学的合理性。这就是当下科学哲学中"实践转向"的起因与意义。

扩展阅读

菲利普·基切尔:《科学、真理与民主》,上海:上海交通大学出版社,2015年。

安吉拉·吉马良斯·佩雷拉、西尔维奥·芬特维兹:《为了政策的科学:新挑战与新机遇》,宋伟等译,上海:上海交通大学出版社,2015年。

Hans Radder(ed). *The Commodification of Academic Research*:*Science and the Modern University*. Pittsburgh: the University of Pittsburgh Press, 2010.

思考题

1. 学院科学的商业化表现在哪些方面？
2. 学院科学商业化给科学哲学带来了哪些挑战？
3. 在学院科学商业化的时代，科学家应该肩负起哪些方面的责任？

第四章　科学的自律性之困境

科学一直广泛被公认为客观真理,具有普遍性和确定性,并因这些特征而获得人们的普遍信任。同时,由于科学的发明创造确实极大提高了人们的生活质量,推动了全球经济高速发展,这又使得人们陶醉于科学的力量之中,对科学工作者充满了敬仰,也因此赋予科学工作者以最高荣誉。时至今日,科学仍具有一种强大的、不可动摇的特殊地位和力量。然而,20世纪下半叶,随着科学研究与应用的负面影响的增加以及陆续被披露的学术不端和利益介入等事实,科学的权威性开始动摇,人们也不再认为科研的环境和体制是无可争辩的。尤其是"疯牛病"的爆发,使科学研究的不确定性及其引发的社会风险问题显露出来,科学开始陷入信任危机。正如物理学家约翰·齐曼(John Ziman)在《真科学》一书的首页开门见山地指出的,"科学遭受抨击,人们对科学的力量失去信心……科学的主张甚至被资深学者所怀疑"①。到了20世纪90年代中期,随着转基因食品、克隆技术、化学品风险等涌入公众的视野,这些高度复杂、具有不确定性与不可控性的全球风险问题,使得社会学家乌尔里希·贝克(Ulrich Beck)判定,人类陷入了科技所带来的"风险社会"之中。在科学主义的语境中,科技专家在某种程度上垄断着对风险的解释、判断甚至政策决策,构成了现代社会中的专家—官僚统治模式,他们在治理和防控风险时,过多从科技和自身出发,要求公众无条件的信任,剥夺了公众的知情选择权、话语权、参与权,这种科技政策的合法性自然会引起公众的质疑。由于缺乏相应的监控机制,这种专家—官僚统治模式很容易破坏科学的自主性。这也是当下科学陷入信任危机的根源之一。人类进入"大科学"特别是科学的商业化时代后,在全球资本逻辑的驱使下,科学越来越注重实用性,变得世俗化和功利化。"科学与经济、政治之间的密切关系也已说明技术不再是一种简单的中性工具,它成了所有目的和手段的集合体,成了没有终止、也没有限制的一种连续统一体。"②于是,技术的价值就成了真正主导人们进行价值判断和选择等实践活动的最主要因素。

第一节 科学场及其自律性

科学作为一种场域,与其他场域之间存在差别吗?如果存在,那么这种差别来自何处?如何强化这种差别进而通过维持科学场

---

① 约翰·齐曼:《真科学》,曾国屏等译,上海:上海科技教育出版社,2002年,第1页。

② D. Lovekin. *Technique, Discourse, and Consciousness: An Introduction to the Philosophy of Jacques Ellul*. London & Toronto: Associated Presses, 1991: 21.

域的自律性来保持其客观性？社会学家皮埃尔·布尔迪厄(Pierre Bourdieu)的工作为我们提供了启发。

一、科学场的自律性

布尔迪厄在实践考察的基础上对科学进行了哲学、历史学和社会学的分析,在其著作《科学之科学与反观性》[①]一书中,他把科学视为一个具有一定结构、汇聚各种力量、充满博弈且具有相对自律性的"科学场"。也就是说,科学场有自行运作的规则,有着独特的边界,具有将其自身与外部影响相对隔离的能力,它并不完全依附于周围场域。例如,科学场内的奖励机制与场域外不同,科学家们更注重同行认可及自身名誉。为保证自律性,科学场对新进入者征收比其他场域更加高昂的"入场费"(对场域内历史积累知识的掌握、对理论和实验的理解与技能运用等),这就抬高了进入科学场的门槛,使外部因素对科学场的影响多了一道屏障。在"入场费"的基础上所形成的科学资本,既是行动者进入科学场的凭证,又是投身科学场的产物。其中,通过个人的科学发明和发现所积累起来的科学资本被称作"纯科学资本",它是科学本身的权威性资本,可在同行承认的基础上增加个人声望,并帮助科学家获得更多社会资本。科学资本是经同行认可的一种学术上的能力和权力,行动者在此基础上形成自己的学术声誉。对此,海因克·勒布肯(Heinke Roebken)也认为,科学场中的竞争通常是声誉的竞

---

① 皮埃尔·布尔迪厄:《科学之科学与反观性》,陈圣生等译,桂林:广西师范大学出版社,2006年。

争①,而声誉则需要在资本的基础上形成。伴随着科学场中行动者所享有的科学资本及其随之而来的学术声誉的变化,场域的结构不断改变,并维持一种动态的张力。此外,学术出身、师承关系、年龄、种族、任职机构等都可能对科学家的学术生涯、科学场的权力结构分层等产生影响。正如拉图尔和史蒂夫·伍尔加(Steve Woolgar)所认为的,"社会因素,如身份、荣誉、名次、委任和社会地位等,都是在获取可靠信息、增加自己的可信性的竞争中的常用资本"②。布尔迪厄认为,由独立的科学家、研究团队或实验室构成的科学场一方面是科学研究的场所,另一方面又是各种力量争取科学资本的空间。拥有不同数量资本的相互竞争的行动者既受科学场对他们所处位置的约束,又采取不同的策略保持和改变科学场的力量关系,决定科学场的结构。而"竞争性"正是指拥有不同资本的行动主体彼此对峙,采取不同的策略以保持或改变科学场现有的结构。行动者的策略不是随意的,而是在其对场结构感知的基础上,受到其所处相对位置的客观制约,同时竞争者为了保持或提升他们的位置而做出的表现也会对策略起到导向作用。在科学场内,除了竞争者拥有评估科学成果价值的科学资本以外别无其他手段,因此,科学场的自律性是最强的。以转基因农业场域为例,此场域中的竞争使每一个研发者都处于最能够理解他们、但也最挑剔的同行竞争对手的监督控制之中。这些具有竞争关系的同行最不易成为阿谀奉承的同谋,能够将场域中整个历史积累的

---

① Heinke Roebken. "Departmental Networks: An Empirical Analysis of Career Patterns among Junior Faculty in Germany". *Higher Education*, 2007, 54(1): 99—113.

② 布鲁诺·拉图尔、史蒂夫·伍尔加:《实验室生活:科学事实的建构过程》,张伯霖、习小英译,北京:东方出版社,2004年,第204页。

资本用于对同行的新发现的批判。这种批判恰恰能够通过证实、证伪、修补等来推动理性的发展。而同行的竞争与监督也必然会促使每一个行动者不遗余力地提高自身研究的合理性,从而使科学理性在一定程度上免受相对主义的贬损。因此,科学行动者之间的竞争是复杂的,不是非此即彼的选择,这有利于约束机制的建立,有利于科学自律。这也是布尔迪厄的科学自律观念,如其所言,科学场中的竞争者齐心合力,致力于建立审核"事实"的一致准则,制定对论点或假设是否有效的共同方法。换句话说,就是缔结相互之间默认的合同,以便建立及管理"客观性劳动"[①]。可以说,科学场的竞争,以对"实在世界"在科学上的合法的话语权为根基,科学家在竞争中会"心领神会"地接受来自"实在世界"的"判决"。这说明科学家采取了一种现象学意义上的自然的态度,通过参照实在世界,使自身掌握研究,通过酝酿研究计划、发现实在世界的真相以听取同行的建议或批评、心照不宣地接受这种客观的实在性的存在。而那些拥有合法("合法"即意味着在交往、批评、认识等工具下得到承认,或者被同化)表征客观实在之权力的竞争者们,由于被要求具有掌握理论与实践的能力,因此有条件操作建构理论的仪器设备(对客体认识的增加与设备的贡献密不可分),进而可以进行证实或证伪的工作,也保证了科学的专业性。因此,有必要改变"将认识关系看作单个学者与认识对象间的关系"的传统观点,因为科学主体并非单个学者,而是充满了竞争与交往的客观关系的科学场,而竞争只能通过证实和争论的手段得以解决和整

[①] 皮埃尔·布尔迪厄:《科学的社会用途:写给科学场的临床社会学》,刘成富等译,南京:南京大学出版社,2005年,第37页。

合。科学场中的行动者都是"集合型的主体"[①],甚至处于核心地位的权威行动者所使用的工具也是一种"客观的集体的历史"。可以说,与其他学科的建设一样,转基因农业场域的建构也是一种客观的集体事业。居于其中的拥有不同程度科学资本的行动者所占据的位置就构成了场域的客观结构。换句话说,这种特定的社会交往模式使得社会被升华为转基因农业场域中的逻辑规则,想要在该场域中取得成功,只能用该场域中所认可的竞争方式:实验、证明、反驳。这样,即便有一些场域成员打着占有合法科学资本的旗号追求金钱、权力等世俗化的功利目标,也必须先将这种欲望转化为科学上的追求。这也在一定程度上推动了转基因农业场域中纯科学资本的发展。因而,在这种情境下研发得出的转基因作物也具有一定的科学上的合理性——场域中竞争所形成的内部结构性的张力就成为支撑转基因作物研发自律性的起点。

二、科学场的自律性所面临的挑战

当然科学场中除了保证其相对自律性的纯科学资本,还存在制度化的科学资本,即制度化的、管理体制的"学术资本",这为科学场中政治逻辑的生成和运作提供了更大的空间。另一种通过世俗权力的政治策略所积累起来的科学资本被称作"制度化科学资本",这是一种存在于科学机构领导层的制度化的"学术权力",如科学场内的权力资本可通过官僚体制这样的非科学途径来分配。[②] 尽管纯科学资本是基于同行的认可,但在评价科学著作时,

---

[①] 皮埃尔·布尔迪厄:《科学之科学与反观性》,陈圣生等译,桂林:广西师范大学出版社,2006年,第118页。

[②] 皮埃尔·布尔迪厄:《科学之科学与反观性》,陈圣生等译,桂林:广西师范大学出版社,2006年,第91页。

作者在共同体中的地位会对评价结果产生影响。

同时，由于科学研究已经成为一项社会性事业，这不仅仅是指科学研究的内部结构机制是社会性的，同样也指科学研究已经与政府、企业等利益主体纠缠在一起。这样，科学场域的边界就不断受到这些利益的冲击。在经费资助主体的影响下，研发机构的工作人员有时不得不服从于商业巨头的控制，其研究结果在某些情况下也不得不为这些巨头的商业利益服务。在科研机构的支持下，商业巨头又进一步通过科技成果的专利化运作，从而垄断农业市场。此外，科技与商业利益的结合可以进一步转化为政治策略，对科技决策产生影响。科技、经济、政治的结合，很可能会导致科学自律性的丧失，这正是布尔迪厄所担忧的，"如今，科学在经济、政治甚至宗教的强大势力面前逐步争取到的自律性已被大大削弱"[1]。普兹泰事件就是其中一个典型的案例。

第二节　普兹泰事件与自律性的破坏

1998年秋，苏格兰罗威特研究所转基因领域和植物凝集素方面的顶级科学家阿帕德·普兹泰（Arpad Pusztai）在电视节目《行动中的世界》中表示，自己目前不会吃转基因食品，因为他发现食用转雪花莲凝集素基因土豆超过110天的老鼠生长有缺陷，且免疫系统脆弱，因此转基因作物仍需一个漫长的安全性测试过程，不能让公众成为测试转基因作物的实验鼠。[2] 节目播出后引起轩然

---

[1] 皮埃尔·布尔迪厄：《科学之科学与反观性》，陈圣生等译，桂林：广西师范大学出版社，2006年，第1页。

[2] 丹尼尔·查尔斯：《收获之神》，袁丽琴译，上海：上海科学技术出版社，2004年，第283页。

大波。两天后,该所主任詹姆斯公开表明,普兹泰的研究是混乱的,随后,该研究所宣布普兹泰提前退休,并不再对其言论负责。此后,英国皇家学会出面成立调查普兹泰研究工作的专门委员会,最终的调查结果指出,"普兹泰的研究漏洞百出,不能证明转基因土豆的安全性出现问题","实验设计很糟糕"。

其实,早在1995年,转基因种子还未被大肆商业化推广前,罗威特研究所就与苏格兰农业环境渔业部签订了160万英镑的合同,承诺三年内制定出科学检测转基因作物方法的准则,用于风险评估。随后,该研究所任命普兹泰为负责人,让他主持这一全球首个进行转基因食品安全性检验的独立科学研究项目。

1999年10月,权威期刊《柳叶刀》的主编不顾罗威特研究所与英国皇家学会对普兹泰的指责,经过六位评审人(这比以往多出了一倍人数)的评审,并在三次审核后,正式发表了普兹泰与其合作者斯坦利·伊文(Stanley Evans)的论文。这篇论文指出,喂食了10天转雪花莲凝集素基因土豆的大鼠的肠道之所以出现异常,其原因并非雪花莲凝集素,而是转基因过程本身。该文的发表引发了一系列连锁反应,把普兹泰的研究推向了舆论的风口浪尖。

这一事件中的科学性问题之争至今尚无定论。但从这一事件的发展过程来看,科学场域内确实存在制度化科学资本的压制、经济利益的诱导、政治力量的强势介入等,这是一种三螺旋式的权力结构,不断挤压着科学共同体内部纯科学资本的生存空间,破坏着科学的自律性。

一、制度化科学资本的压制

由于科技研发的专业性和复杂性,普通工作者并未经过一定的科研训练而积累起必需的科学资本,由此,他们的判断就只能依据科学界内部的共识。此时,那些学术权威机构因其具有高度制度化的科学资本,就得以成为赢得公众信任的最好组织。然而,一旦因利益诱导出现权力滥用,问题就会反向发展。

正如节目播出的第一天,詹姆斯还称赞普兹泰的工作"了不起",而仅48小时后就将其"扔进垃圾箱",并解散其研究小组,没收相关电脑和文件,甚至切断电话线!接着,罗威特研究所就剥夺了普兹泰的发言权。而皇家学会也一反其自成立350年来的惯例,组织同行评议,但拒绝透露评审员名单与资质。[1] 在调查这一奇怪举动的过程中,英国《卫报》发现存在一个由皇家学会成立的以"推进公众与科学家赞成转基因生物,诋毁持有异议的科学家和组织"为目标的"反驳机构",领导者是曾任职布莱尔政府环境部门的转基因作物的公开支持者瑞贝卡·鲍登(Rebecca Bowden)。[2] 另据基因观察(Genewatch)网站公布的资料,皇家学会用于评审的数据仅是依据罗威特研究所普兹泰研究调查小组的内部报告,并非独立的调查报告,且评审工作组中很多重要人员都是谴责普兹泰并支持转基因作物的。对于皇家学会给出的"实验设计很糟糕"的结论,普兹泰认为不可思议,因为罗威特研究所提供的报告是普兹泰给予同行的经过统计学处理的数据表格,并无实验方法的描述。普兹泰非常疑惑,皇家学会并不知晓其实验方法,而且也没有进行独立调查,那么皇家学会是依据什么做出那一评判的。[3]

---

[1] 杰弗里·史密斯:《种子的欺骗》,高伟、林义华译,南京:江苏人民出版社,2011年,第18—19页。
[2] Laurie Flynn et al. "Pro-GM Food Scientist 'Threatened Editor'". *The Guardian*, 1999-11-01.
[3] GM-Free. Interview with Dr. Arpad Pusztai. http://www.gmwatch.org/index.php?option=com_content&view=article&id=13856.

更重要的是,就连罗威特研究所的报告也不见得公正！1999年2月,来自不同国家的20多名科学家通过分析普兹泰的实验数据和罗威特研究所提供的报告指出,"罗威特研究所的审核故意忽略了某些数据","被忽略的数据可以清楚地支持普兹泰的结论"[1]。由于发表了普兹泰和伊文的论文,《柳叶刀》遭到皇家学会会长等多方面的批评,伊文教授也迫于皇家学会和生物技术行业的压力,最终放弃其在阿伯丁大学的教职。但《柳叶刀》主编理查德·霍顿(Richard Horton)认为,发表普兹泰的文章可以给其数据一个公开讨论的机会,让学界同行做出自己的判断。该杂志同期还发表了其他科学家对普兹泰进行反驳的文章。其实,在文章发表的前两天,霍顿就声称他遭到皇家学会一名资深人士禁止发表普兹泰这篇文章的威胁。[2] 虽然皇家学会前副主席彼得·拉赫曼(Peter Rachman)最后承认曾致电《柳叶刀》编辑部,但否认威胁过霍顿。不过,这仍具有明显的阻挠争议公开进行、压制普兹泰实验数据的意图。

事实上,对于转基因土豆的安全性研究,掌握第一手实验资料的普兹泰理应比罗威特研究所和皇家学会更有发言权,但恰恰是纯科学资本赋予他的这一最重要的权利遭制度化科学资本的剥夺。鉴于半官方科研机构性质的皇家学会的基金来源于政府资助及工业界的研究合同[3],皇家学会在普兹泰事件中扮演的角色引

---

[1] Peer review vindicates scientist let go for "improper" warning about genetically modified food [DB/OL]. http://naturalscience.com/ns/cover/cover8.html. 1999-03-11.

[2] Laurie Flynn et al. "Pro-GM Food Scientist 'Threatened Editor'". *The Guardian*, 1999-11-01.

[3] 威廉·恩道尔:《粮食危机》,赵刚等译,北京:知识产权出版社,2008年,第38页。

发了公众的质疑。表面上看，同行评议能够减少科学家由于不同知识背景、理论偏好和训练传统的差异而产生不公正评价的可能性，但实际上进行评价活动的是科学共同体中被称作"权威"的那一部分"中坚力量"，他们时常依据自己的价值或利益取向做出"判决"。无论普兹泰的实验是否符合标准，仅就其学术言论自由被各种看似公正实则带有权威性的制度化科学资本所压制而言，这种表面的学术民主是一种"残疾的民主"。如果科学共同体不能在外部的资助基金与摆脱外部因素的不利控制之间找到合适的平衡，并使科学场在某种程度上"自由地"遵循其自身的逻辑和法则发展，那么，外部场域的习性在"客观性"式幽灵的写作方式的包装下，就会给科学场域带来一系列政治、经济和伦理的风险。由于皇家学会处理普兹泰事件的不公正性，它作为一个独立仲裁者的声誉受到了极大的负面影响，人们开始对由学术权威机构指定的官方代表的评议程序提出怀疑。由于利益的可能介入，这种评议会引起更进一步的学术混乱，并加重公众的质疑。这给人们带来的思考是，如何改变科学的传统体制规范，使它在学术的科学性与利益导向之间寻求到平衡点。

在普兹泰事件中，不同科学家对转基因作物的分歧，使基于技能和职业的"内行行动者"无法为当下转基因作物面临的很多问题给出有效的结论性回答，这就削弱了科学权威，减少了常规科学视野下科学共同体内部对科技知识的共识，也增加了公众的信任危机。传统的科技风险沟通为了"加强"公众对科学实践的理解，大多还是采用"教育型"的沟通方式，以增加公众对科学的可接受性，做出"理性的选择"①。这种方式虽然加深了一部分人对科学实践的理解,但对更广泛的个体是一种忽视。如果风险沟通中"上游的一方"出于利益等考虑,将关注点只集中于科技的积极方面,那么这种沟通方式无法阻止矛盾的加深,也无法消除技术风险评估和公众感知之间的距离,反而会加剧公众信任的缺失。正如某些学者所强调的,对信息来源的信任是沟通得以成功的基础②,信任是指导消费决策的重要因素,因此,公众对风险沟通的"上游方"的信任是十分重要的,它不仅是风险沟通的条件,也是结果。

二、经济资本的诱导

为何在节目播出仅仅两天后,在皇家学会还未对此研究进行调查时,普兹泰就要被迫辞职呢?为何皇家学会在政府面临信任危机、生物公司面临利益损失的关键时刻对普兹泰做出如此带有"偏向"色彩的行为呢?这在很大程度上源于罗威特研究所和皇家学会的基金来源。

罗威特研究所最初是一所正式的非营利机构,但自从撒切尔政府削减这类研究所的经费之后,它实际上就已经只能依靠工业资助了,同时,在很大程度上也依靠其商业化子公司与制药公司、生物技术公司等合作的赢利生存。换言之,罗威特研究所的生存主要依靠生物科技行业。1999年2月14日,孟山都在普兹泰事件之前资助了罗威特研究所140 000英镑科研经费的事情被披露,而在2月16日的一份新闻公报中,罗威特研究所也证实了它

---

① L. J. Frewer, C. Howard, R. Shepherd. "Effective Communication about Genetic Engineering and Food". *British Food Journal*, 1996(98): 48—52.

② U. Kjœrnes. "Trust and Distrust: Cognitive Decisions or Social Relations". *Journal of Risk Research*, 2006(9): 911—932.

曾和孟山都签署的一项合同,金额相当于其年收入的 1%。① 此时,与正在如火如荼推广转基因作物的孟山都存在利益关系的罗威特研究所的态度转而倾向商业利益,原因也就不言而喻了。

更何况欧盟 1996 年已依据孟山都同年发表的研究批准进口其转基因大豆,转基因作物安全性与否的科学结论与拥有众多转基因技术专利和从销售转基因种子中获利最大的孟山都商业帝国的安危密切相关。这种"高风险、高投入、高利润、高垄断"的跨国公司绝不允许自己资助的科研机构得出不利结果! 正如"行动中的世界"随后进行的采访,孟山都"未对任何新品种做过长期的动物实验"②。对普兹泰的采访一经播出,孟山都就第一时间致电研究所进行施压。

对转基因作物持支持态度的英国皇家学会也得到了许多工业生物技术公司企业的大量资助,包括安万特基金会、英国 BP 石油公司、维康基金会、梅特勒-托利多、埃索英国公司、盖茨-比尔慈善基金会、安德鲁·W. 梅隆基金会。③ 具有讽刺意味的是,致电《柳叶刀》的皇家学会资深人士拉赫曼一边呼吁科学的"独立性",一边担任一家农业公司的非执行董事、一家生物技术公司的科学顾问,同时还兼任葛兰素史克公司——一家转基因制药巨头——的顾问委员会成员。④ 受多重利益网络诱导,当制度化科学资本与经济

---

① 玛丽-莫尼克·罗宾:《孟山都眼中的世界》,吴燕译,上海:上海交通大学出版社,2013 年,第 202 页。
② 丹尼尔·查尔斯:《收获之神》,袁丽琴译,上海:上海科学技术出版社,2004 年,第 283 页。
③ 威廉·恩道尔:《粮食危机》,赵刚等译,北京:知识产权出版社,2008 年,第 36 页。
④ 威廉·恩道尔:《粮食危机》,赵刚等译,北京:知识产权出版社,2008 年,第 34 页。

资本联姻后,关于普兹泰事件的审查工作难免受资本逻辑的驱使,从而威胁纯科学资本的自律空间。

由于科研人员的薪酬以及实验所需的各种消耗严重依赖外部经济资本的"输入",无论大学还是研究所的科学研究都对"捐赠"严重依赖,这就导致其对资金的使用也受到了商业利益的引导,这就容易形成一个恶性循环:在种子和生物科技的研发被跨国巨头所主导的背景下,科研机构要想获得更多的经费资助,就要顺应以谋利为导向的跨国巨头并帮助他们维持垄断地位。这种垄断地位的巩固反过来又加强了巨头对研发的主导作用,进而加剧垄断。企业获利越多,研发投入越大,科研机构就能获得更多的资金支持,产出更多研发成果。这原本是商业的逻辑,如今却被包装成农业科学的发展方向。正是通过"资助、合作等"方式,手握巨额经济资本的孟山都等公司得以寻求知识界的政治联盟,介入不少研究所和高校,达到修辞学上的遮蔽,在这种"合法化"的掩饰下,商业集团对科学的自律性有更强的破坏作用,且其意图控制整个科学场为其资本扩张的目的也更加高级、隐蔽。此时的经济资本已经转换为影响科研机构、对科学家施压的权力资本。虽然逐利是商业集团的习性,但如果这些利益未能得到有效治理,反而变成谋私利的工具,就可能加剧科学的不确定性,引发一系列社会问题。

三、政治力量的强势介入

英国自然法党(Natural Law Party)的一位观察员认为:"政府指定罗威特研究所进行该项研究是因为政府相信罗威特研究所

能够得出转基因土豆无害的证明。"①英国政府甚至已经和罗威特研究所商议商业化生产此种转基因土豆,并已开始考虑如何分配专利费。②

当时布莱尔政府的态度是鼓励生物技术公司在英国投资,甚至为此投入巨款。20世纪70年代初,英国对生物工程还持迟疑和观望态度,于是成立了以斯平克斯博士为首、由皇家学会等组织人员参与的关于国内外生物工程情况的联合调查组。建议快速发展生物技术的调查结果令英国政府拨出1800万英镑推动生物工程发展。此外,"帮助实验室研究成果转让到工业部门","促进与国外公司合作"也是政府在工业部设立的生物工程三人小组的重要任务,并为此出资1600万英镑来资助申请单位。因此,当普兹泰在接受采访前首次发现转基因土豆的安全性问题并向政府申请额外经费研究实验鼠健康受损原因时,布莱尔政府不愿该研究继续开展下去,遂停止拨款,不再资助转基因作物安全性测试的研究。③

据普兹泰的几位同事透露,孟山都和布莱尔都曾致电罗威特研究所,要求普兹泰"闭嘴"。而普兹泰事后更是听说,布莱尔的电话源于美国总统克林顿的警告电话!④ 因为克林顿政府当时为推

---

① 杰弗里·史密斯:《种子的欺骗》,高伟、林义华译,南京:江苏人民出版社,2011年,第21页。

② 杰弗里·史密斯:《转基因赌局》,苏艳飞译,南京:江苏人民出版社,2011年,第9页。

③ 杰弗里·史密斯:《种子的欺骗》,高伟、林义华译,南京:江苏人民出版社,2011年,第21页。

④ Andrew Rowell. "The Sinister Sacking of the World's Leading GM Expert and the Trail that Leads to Tony Blair and the White House". *The Daily Mail*, 2003-07-07.

广转基因作物斥资数十亿美元,普兹泰事件发生的20世纪90年代后期,正是转基因公司的股票蒸蒸日上的时期,克林顿怎会允许某个科学家破坏其"对农业生物技术产品进行成功商业化"的计划?况且"控制了粮食就控制了所有人"是美国几代政府的新型全球化战略。布莱尔的这位好朋友和政治上的引路人使他确信,转基因作物是一个极其可观的产业,依托此产业可使英国在制药和生物技术领域保持领先地位。其实,布莱尔为了给其1997年"重塑不列颠"的竞选活动铺路,早就积极推广转基因作物了。① 曾两次帮助布莱尔当选英国首相的某公关公司董事——戴维·希尔(David Hill),同时也肩负着孟山都在英国的公关宣传的任务。② 可见,孟山都已通过其强大的经济和社会资本介入政治场域,影响官员对转基因农业的偏好,迎合其政治目的,拉拢官员与自己结盟,以扩大自身在经济场域、科学场乃至政治场域的话语权。

由于普兹泰的论点——"有害的不是凝集素,而是'转基因过程'"——威胁到伴随巨大收益的转基因作物的未来,布莱尔政府甚至还成立了专门针对反对转基因技术的媒体的"生物技术宣传组"。《星期日独立报》还揭露政府对"诋毁普兹泰的研究"是有明确作战计划的,即让那些有助于政府"讲一个恰当的故事"并接受访谈和撰写文章的杰出科学家"发挥作用"③。这其中就有皇家学会反对普兹泰的科学家,在皇家学会对普兹泰"进攻"的第三天,布莱尔的"内阁推手"卡宁汉姆公开表明:"皇家学会令人信服地对某项关于转基因土豆的错误研究进行了澄清……生物技术改善了我

---

① 威廉·恩道尔:《粮食危机》,赵刚等译,北京:知识产权出版社,2008年,第33页。
② 威廉·恩道尔:《粮食危机》,赵刚等译,北京:知识产权出版社,2008年,第33页。
③ Geoffrey Lean. "Exposed: Labour's Real Aim on GM Food". *Sunday Independent*, 1999-05-23.

们的生活质量……"①

为了"更好地发展转基因作物""不再重蹈覆辙",普兹泰的研究是英国首个涉及活体动物的研究,也是最后一个。2000年,为了证明"转基因作物是安全的",布莱尔政府任命一家私营种子公司开展研究。《观察家报》发现,该公司内某位研究人员篡改了科学数据,以利于转基因作物的推广。然而,农业部对此报道并未予以理会,反而建议通过某种转基因作物的认证。② 可见,政治场域能干预科学场并影响研究成果和科学家的前途。

的确,要想更好地研发和推广转基因作物离不开政治决策的支持,政府的风险评估、监管力度和态度一定程度上甚至比技术更为重要。但从普兹泰事件来看,当政治家的态度在很大程度上影响转基因作物的研发进程时,科学场的自律性就明显降低了。这表现在两方面:首先,政治家由于其经历所形成的习性,为达成任务而做出某种决策,易将其在政治场域的思维运用到科学场,使科学沦为迎合其政治目的的工具。其次,由于处理的是科技的问题,政治家通常会寻求科技权威机构的联盟,使其披上"合法化"外衣。如希拉·贾萨诺夫(Sheila Jasanoff)所说,科学在公共监管决策中扮演越来越重要的角色,科学家们组成的咨询委员会甚至成为独立于立法、司法、行政和独立的监管部门以外的第五部门,科学完全超出了专业范围,成为公共决策的依据,这就会突出一个明显问题——信息不对称。有关科技发展前景及其对社会影响的信息多数掌握在科学共同体手上。如果科学共同体出于其利益导向或

---

① Parliament. Technology[EB/OL]. http://www.publications.parliament.uk/pa/cm199899/cmhansrd/vo990521/debtext/90521-07.htm. 1999-05-21.

② Anthony Barnett. "Revealed: GM Firm Faked Test Figures". *The Observer*, 2000-04-16.

政治迎合，提供不充分甚至错误的信息，就会加剧社会的风险。基于"科学回报"为最高权重的决策与以公众健康需求为主的决策就可能出现二律背反。正如安德鲁·芬伯格（Andrew Feenberg）所说"技术设计是一种充满政治后果的本体论决策"[①]。科学共同体对科学政策的迎合会制约科学自主性的健康发展。在巨大利益的诱惑下，研发机构和商业机构可能合谋隐瞒某些信息，从而使科技政策的制定和监管的难度加大。更何况，随着科技决策越来越依靠科技知识的支撑，依靠某一单个专家的"分散型传统智囊制度"不再适应现代日益增长的科学咨询的需要，于是，替代个体的决策研究并与咨询群体之间互补的群体决策机制开始出现，随之也诞生出各类智库机构和组织。在此过程中，科学家的角色也从"真理代言人"变为决策者的幕僚，甚至成为决策参与者。这就需要对专家知识和政治决策之间的相互作用重新进行审视。

四、科学自律性之反观性

重审普兹泰事件中各种非认知价值对科学研究的涉入，目的不是为了摧毁科学的理性精神，而是希望审视它在当代科学场中面临的困境。在大科学时代，经济、政治等价值会本然地进入并融入研发者的习性。转基因科学场与政治场、经济场，也即自律性与他律性，密切相连。这使得实用价值容易成为主导人们价值判断和现实选择等实践活动的最主要因素，进而使研发者极易把自身拥有的纯科学资本置于"合作"（经费支持、政策支持等）的控制之下。因此，如果对非认知价值因素的涉入监管不当，就易使转基因

[①] 安德鲁·芬伯格：《技术批判理论》，韩连庆、曹观法译，北京：北京大学出版社，2005年。

作物沦为某些利益集团损害他人的获利工具,把人类拖入由生命资本所引发的风险社会之中。在普兹泰事件中,跨国生物集团通过各种献金、直接出任政府代表、经济控制和大量广告宣传,成功地游说政府、控制科技发展导向、对异议者施压、对消费者洗脑,从而推动转基因作物的商业化,并从每个消费者的嘴里聚敛巨额财富。这使其从食物的源头如基因、种子、化肥、农药等到生产、加工、销售各环节实现全面的纵向一体化和横向一体化,从而控制从基因到超市货架的整个食物体系,并将这种利益分配模式扩张到其他国家。从这种视角来看,转基因作物的"科学合理性"就可能成为这种新形式的经济剥削的修辞工具。生命资本与政治权力的结合会在实践中的科学与社会正义的基本理想之间制造张力。这也是当下科学权威逐渐丧失的原因之一。转基因作物的研发与应用除了科学内外的变数,还与价值的判断密切相连,具有较高的不确定性,并由此引发较强的有关风险的争议性。乌尔里希·贝克将类似于转基因技术引发的这些风险称之为"文明的风险",认为这类风险具有"不可感知性"、"不可逆性"、"后果的不可计算性"、"后果在时间上的滞后性和空间上的超越国家、地域的特性"[①]。这也使得人们对科技创新的态度更加分化、更缺少确定性,人们除了关心科技创新能够带来哪些收益之外,更是对决策者能否明智地使用或引导这项技术充满顾虑。毕竟,现代的技术景象涉及更多的流动性、难以预测性和难以管控性,而且对技术的治理也超越了国家界线。当公众认为技术必定带有倾向性时,如果支持转基因作物的一方依然停留于传统"自上而下"的风险沟通框架中,就

---

① 乌尔里希·贝克:《风险社会》,何博闻译,南京:译林出版社,2004年,第18—20页。

具有不确定性的转基因作物与反对的一方进行沟通，只是根植于控制性、确定性逻辑的传统解决思维，结果也只能适得其反。因此，转基因作物的推广者应该增加自身对科学的内省性，不能想当然地认为科学就应该被公众不加批判地加以接受。普兹泰、支持普兹泰研究结论的科学家、揭露真相的媒介、公众等对自身的知识及在场域中的位置等都表现出很强的内省性，当他们被动笼罩在由政府参与、制度化科学资本和产业界经济资本的权威之下时，由于转基因作物所展现出的高度不确定性和商业化、政治利益化倾向，公众对政府机构和专家的信任度会大大降低。

科学家通常看不到这点，因为他们一般认为由非认知因素引发的上述风险与他们的科研工作无关，是科学应用的问题，科学只需研究事实问题，而非价值问题，不要把科学研究与应用的问题混为一谈。然而，在科学的实际运作中，科学知识本身的不确定性、科学家"经济人"的习性、"掌钱人"的存在、体制约束的力量等，使科学家不仅代表在实验室中被转译着的自然说话，而且代表无数的外部行动者发言，并在对科学知识进行解读时常常不自觉地倾向自身利益。在普兹泰事件中，权威者的话语是否具有科学性已成为次要问题。重要的是主导者如何通过学术机构、经济制约与政治联盟，制定出能满足其最大利益的研究及其规范，并以科学权威的名义运行。由于科学权威是由具有一流的技术能力、实力强大的学术机构保证的，因此具有一定公信度，可有效将转基因农业场域中的"敌友"逻辑转换成场域自身的"是非"逻辑。这种捍卫转基因作物的逻辑，以"是非"、"真伪"区隔作为原则强加给科学场，无形地规范着场域中的所有行动者。如果遭到拒绝，研究者就会被逐出场域。这样，"规训／惩戒模式"就成为科学家进入转基因农业场域的门槛。在当今转基因农业场域中，我们可以看到，由于科学资本、经济资本与政治资本的强大联盟,这种"是非"逻辑在很大程度上已经内化为科学共同体的"习性",变成一种本然的、"客观的"研究,使人们不会去思考其研究可能带来的社会与伦理问题。这种所谓"价值无涉"的习性观念是"技术官僚"学术体制的哲学基础,它提供了凌驾于其他主体之上的权力,破坏着科学的自律性。这种观念还会导致布尔迪厄所谓的理解上的"误识"①,即掩盖与资本相关的游戏的"公开秘密",这些"自认为是全无幻觉的"幻觉,让科学场在某些情况下,至少表面上看来超越了权力与资本的游戏规则,屏蔽了科学场中权力资本吞噬纯科学资本以及可能带来的认识与伦理问题。因而,布尔迪厄指出,"科学正处于危险之中"②。

科学家应该打破"幻觉","反观"自己的科学实践活动,自觉意识到政治、经济、舆论的非认知价值因素对科学资本的介入很可能会破坏科学的自律性,带来社会与伦理问题。"反观"这一术语,是布尔迪厄为解决上述问题而提出的一种方法。所谓反观性,就是对自我的关注、评价、批判、指涉、否定和对抗,目的在于客观化上述在无意识中表现出来的"习性"。不仅要把客观化的科学方法应用于科学实践,"还要科学地揭示这种建构的可能性的社会条件,即社会学的构建和该构建的主体的社会条件"③,这样也就可以摆脱"将研究对象客观化,研究主体也就做到客观化"的客观性陷阱。

---

① 皮埃尔·布尔迪厄、华康德:《实践与反思》,李猛、李康译,北京:中央编译出版社,1998年,第222页。
② 皮埃尔·布尔迪厄:《科学之科学与反观性》,陈圣生等译,桂林:广西师范大学出版社,2006年,第3页。
③ 皮埃尔·布尔迪厄:《科学之科学与反观性》,陈圣生等译,桂林:广西师范大学出版社,2006年,第158页。

约翰·齐曼在《真科学》一书中,把这种反身性界定为默顿的"有条理的怀疑精神"。在后学院科学中,客观知识的生产不太依赖于真正的个人"无私利性",而更为依赖于其他规范(特别是公有主义、普遍主义和怀疑主义规范的有效运作)。只要后学院科学遵守这些规范,它长期的认知客观性就不会受到太大的怀疑。公有主义和普遍主义都承受了来自外部利益的压力,在科学共同体内部远没有得到普遍的维护。但只要"有条理的怀疑主义"继续被有意识地实践,我们就不必修正我们"科学世界观"中"客观实在性"的信念,否则就得修改。①

遵循"反观性"的思想,转基因作物的研发者要想真正造福于人类,就必须将自身客观化:首先,研发者要清楚意识到科学场并非是客观、中立的,因而要反思自己习性当中的利益或倾向,避免使自己的嗜好、种族、信仰等影响自己的科学实践并最终伤害他人,要将研究主体在整个社会空间中的位置、经历及社会关系等客观化,这就要求研发主体把无私利性培养为一种"习性"。这意味着"恢复人对于他所生存于其中的世界的信念与他对于指导其行为的价值和目的的信念之间的统一性,这是现代生活最深层次的问题"②。其次,研发主体要避免陷入理论知识和社会实践相脱节的"唯智主义的谬误"。这是所谓价值无涉的"客观习性"产生的认识论根源。相反,我们应该更加力求将客观性从认识论推进到科学场域。当客观性作为一个认识论概念时,它仅仅与外在的自然相关,丧失了实践性和时间性。当客观性被视为科学场域的一种

---

① 约翰·齐曼:《真科学》,曾国屏等译,上海:上海科技教育出版社,2008年,第212—213页。

② J. Dewey. *The Quest for Certainty*. New York: Capricorn Books, 1960: 255.

属性时，它要求我们一方面考察科学知识的信任问题，如，当孟山都公司资助了转基因作物的研究时，我们是否应该相信此类研究，另一方面也要对专家实践是否遵循客观性原则进行评判。这样，通过将转基因农业场域的客观性的认识论问题转化为如何保证转基因农业场域的客观性的实践问题，反观性就可以推动研发主体将更多的经费优先用于转基因作物的安全性研究，使该场域的内在逻辑与外在逻辑相交互，确保转基因作物研发的相对自律性。科学无疑是一项需要社会的物质与能量支持的社会与历史活动，但通过反观性，就能够维持自身较高的自律性，使科学家"更广泛地预料到倾向系统中、某一位置上或者位置之间固有的取向"[①]，从而在一定程度上保证研究客观化，使转基因作物的研发者不仅成为"自然"的"主人和拥有者"，而且成为从中产生自然知识的社会世界的"主人和拥有者"[②]。只有科学的自律性提高了，转基因作物才能重新得到公众信任，拥有一个健康发展的社会环境，真正成为高科技农业馈增人类的礼物，而非只是少数跨国集团获利的工具。

扩展阅读

皮埃尔·布尔迪厄:《科学之科学与反观性》，陈圣生等译，桂林:广西师范大学出版社，2006年。

约翰·齐曼:《真科学》，曾国屏等译，上海:上海科技教育出版社，2002年。

[①] 皮埃尔·布尔迪厄:《科学之科学与反观性》，陈圣生等译，桂林:广西师范大学出版社，2006年，第159页。

[②] 皮埃尔·布尔迪厄:《科学之科学与反观性》，陈圣生等译，桂林:广西师范大学出版社，2006年，第3页。

思考题
1. 科学场域与非科学场域有何差别?
2. 举例说明破坏科学场域的自律性所可能带来的后果。

第五章 现代科学与地方性知识

随着全球化浪潮的加深,地方性知识势必会与现代西方科学产生冲突。那么,我们该如何看待这种冲突?是用西方科学来取代各种地方性知识,从而建立一种超越时空限制的"普遍性"科学,还是以捍卫各自文化的特殊性为借口,去划定相互隔阂的"地方性"科技的界线,抑或是让两者在实践中互相冲撞、相互利用、取长补短、共同发展,从而逐渐走向一种真正全球性意义上的科技?这是当代国际 STS 学界关注的一个焦点问题。

在非西方社会的现代化转型过程中,任何地方性知识会陷入这样一种困境:如何处理传统文化的保真性与现代科学的身份认同这二者之间的矛盾。无疑,这两方面都涉及国家的根本利益:前者涉及对传统文化的挖掘、保护、继承、发扬、传播,可上升到国家的文化安全、文化保护以及国家影响力、软实力的层面上;而后者涉及国家的社会、经济与科技的现代化问题。在今天全球化的现代性语境中,一方面,我们必须使地方性知识获得现代科学的身份,否则就会在全球化过程中陷入一种尴尬的边缘地位,另一方面,地方性知识要获得现代实证科学的身份认同绝非易事,即使获得了这种实证科学的解释,地方性知识(如中医)的文化基础也可能丧失,因为它们已经被纳入了西方实证科学的文化范式之中。这就会使地方性知识的文化保真性面临很大的困难。显然,这也是所有"边缘性"知识在全球化过程中所面临的共同困境。本章的主要任务是对这一困境的根源进行分析与反思。

第一节 全球化过程中科学的扩张

现代西方科学是如何走向全球的?它在西方的殖民扩张过程中又起到了什么作用?福柯和库恩为我们提供了分析这一问题的哲学框架,而路易斯·派因森(Lewis Pyenson)与乔治·巴萨拉(George Basalla)则对这一过程进行了历史性说明。

一、范式的"规训"与"惩罚"

西方科学的概念体系及其践行何以在非西方国家生成并稳定下来的?福柯对"现代性的反思"为我们提供了一个较为深刻的分析框架。"现代社会"起源于欧洲启蒙理性精神,这种精神至少在某种程度上决定了我们今天的所是、所思、所为。在《何为启蒙》一文中,福柯指出,人们通常认为"启蒙"是一个将我们从"不成熟"状态解放出来的过程,如康德认为人们应对自身的不成熟状态负责,人只有依靠自己改变自己,才能摆脱这种不成熟状态。福柯并没有为这种进步意义上的价值赋予"启蒙",而是思考启蒙如何重新塑造(规训)我们自己这一历史事实问题。"这个现代性并不在人本身的存在中解放他人,它强迫人完成制作自身的任务。"①

福柯在该文中两次提到"我们自身的历史本体论",意指我们是依据知识、权力和伦理三条轴线,在历史中构造了我们自己。②在《规训与惩罚》一书中,福柯讨论了大量作为现代性象征的"全景敞视式建筑"(如监狱、医院、学校等各种现代化机构)对人的"纪律规训",正是这种规训构造出现代意义上的人。用福柯的话来说:"在思考权力的机制时,我正在思考其细微的存在形式,在此,权力渗透入各种个体,接触他们的身体,把它嵌入其行动与态度、话语、学习过程与日常生活。"③

福柯指出,在现代化的过程中,总存在着各种形式的合理性(知识),它们由贯穿于其中的相互交织在一起的实践、技能、策略与计算模式所组成。它们通过现代机构(权力)强加在人们身上并"规训"着他们,"它是一种权力类型,一种行使权力的轨道。它包括一系列手段、技术、程序、应用层次、目标。它是一种权力的'物理学'或权力'解剖学',一种技术学。它可以被用于各种机构或体制借过来使用,如……把它作为达到某种特殊目的的基本手段的机构(如学校、医院)"④。这些现代机构所规训出来的人"能遵循固定的进度表,遵守抽象的规则,根据客观证据做出判断,并且听从不是由传统或宗教批准而是由技术上胜任而使之合法化的权威",进而,"一整套技术,一整套方法、知识、描述、方案和数据……

---

① 杜小真选编:《福柯集》,上海:上海远东出版社,1998年,第536页。
② 杜小真选编:《福柯集》,上海:上海远东出版社,1998年,第540页。
③ Michel Foucault. *Power/Knowledge: Selected Interviews and Other Writings 1972—1977.* Colin Gordon(ed.), Harvester Press, 1980: 39.
④ 米歇尔·福柯:《规训与惩罚》,刘北成、杨远婴译,北京:三联书店,1999年,第242页。

产生了现代人道主义意义上的人"①。总之,"这是一个从封闭的殊途同归的规训、某种社会'隔离区'扩展到一种无限普遍化的'全景敞视主义'机制的运动"②。

同时,福柯也强调,"启蒙是一种历史性的变化,它涉及地球上所有人的政治与社会存在"③。福柯这里所说的就是全球化的开端。通过知识、权力与伦理这三条轴线,结合库恩的范式理论,我们可以看到非西方社会是如何在全球化的过程中进行现代性的自我建构的,也可以看到西方科学体系是如何在非西方社会的历史与现实中被稳定下来,而地方性知识又是如何被排挤或边缘化的。

库恩把科学想象成一种嵌入特殊机构实践中的活动。在《科学革命的结构》一书中,库恩指出西方意义上的"常规科学"(知识轴)的形成是基于一些经典的(西方)著作与教科书的,它表现为各种理论在其概念的、观察的、仪器的各种实例应用之中。这些实例就是共同体的范式,在一段时期内为随后几代实践者规定着一个研究领域的合理问题与方法,培养出一批坚定的拥护者。研究它们并用它们去实践,学生就被逐渐培养成(西方文化意义上的)科学家。所有这一切都是通过建立现代意义上的学校(权力轴)而得到贯彻。如20世纪初外国传教士在中国上海建立了三个机构:法国天主教耶稣会在中国上海创办的著名教会大学——震旦大学;德国人1907年创办的同济大学;1921年创办的上海中法工学院。派因森曾分析过,"上海的帝国主义者建立了三个高等教育机构,

---

① 米歇尔·福柯:《规训与惩罚》,刘北成、杨远婴译,北京:三联书店,1999年,第160页。
② 米歇尔·福柯:《规训与惩罚》,刘北成、杨远婴译,北京:三联书店,1999年,第242页。
③ 杜小真选编:《福柯集》,上海:上海远东出版社,1998年,第531页。

作为文化帝国主义的法国与德国的策略,它们在精确科学中提供了一个使被教育者摆脱其文化传统的起点。每一机构的创立,目的都是让……中国学生得到西方科学的指导,保护宗主国的语言,以达到这样一种清晰的认识,即对宗主国知识与语言的把握是通向实际成功的唯一途径"①。随着遍及全球的现代学校的兴起,在科学教育中,西方科学成为教学内容的主导,成为教材和刊物的主体,再加上大量专业学会的建立,所有这些活动的目的都是为了规训不同地方的受教育者,而规训的结果则是把自然强行塞进了一个由西方科学提供的已经制造好的坚实的盒子里。"在范式指导下进行工作决无他途可寻,而抛弃了范式,就等于终止了范式所规定的科学实践活动。"②西方科学中的"各种承诺——概念的、理论的、工具的、方法论——所形成的牢固网络的存在,是把常规科学与解谜联系在一起的隐喻的主要源泉"③。按照库恩的说法,"这套承诺既是形而上学的,也是方法论的"④。作为本体论承诺,它告诉了人们宇宙中万物应该由什么类型的实体如"原子"与"夸克"等所构成,而不是由"气"或"阴阳五行"所构成的,作为方法论的承诺,它告诉人们宇宙中只有不断运动着的、有形态的物体,而不存在捉摸不定的"气",因此,科学定律和解释应该揭示出这些微粒的

---

① Lewis Pyenson. "Pure Learning and Political Economy: Science and European Expansion in the Age of Imperialism". In: R. P. W. Visser et al. (eds.), *New Trends in the History of Science*. Amsterdam-Atlanta: Rodopi, 1989: 213.
② 托马斯·库恩:《科学革命的结构》,金吾伦、胡新和译,北京:北京大学出版社,2003年,第31页。
③ 托马斯·库恩:《科学革命的结构》,金吾伦、胡新和译,北京:北京大学出版社,2003年,第38页。
④ 托马斯·库恩:《科学革命的结构》,金吾伦、胡新和译,北京:北京大学出版社,2003年,第31页。

运动与相互作用,而解释则必须将已知的自然现象划归到西方科学定律支配下的微粒相互作用,而不是中国式的"阴阳相互渗透"。最为重要的是,这种宇宙观还会强行规定人们,他们研究的问题应当是什么,必须依靠什么方法去解答这些问题,什么样的解才算作"科学的"。通过学校与专门机构的各种规训,当西方科学范式在世界各地被接受后,学生会逐渐摆脱其国家或民族之地方性传统的长期"束缚",传统知识的影响逐渐被边缘化或清除,原因在于其信奉者"皈依"西方,获得"科学身份",成为能开发自然资源、积累与生产科学知识、对社会现实与实践进行精细化与理性化管理的"现代化"人才(伦理轴),各具特色的"现代性"国家才能由此诞生。

如果有人想对抗这种"科学"的重塑,固守其传统(如中国传统的阴阳五行学说),不愿意或不能把他们的研究工作与西方的范式相协调,就会受到"惩罚",被逐出"科学"这一行业,他们只能孤立地进行工作或依附于某些边缘团体,或栖身于传统的"思辨哲学",或被谴责为"迷信"。

总之,从"范式"规训的角度来看,"西方科学"之所以能够"全球化",是由于西方"科学范式"在现代化意义上扩张的结果,是西方的学术机构保证了它在全球现代化中的主导地位,用福柯的话来说,因为"我们"都是这样被"规训"出来的。因此,可以说,西方确立了思想秩序,并通过对"他者"的建构隐藏了自己预设的潜在目的。在对"他者"的建构过程中,首先存在的是作为"知识"的西方科学范式。其次,我们的学校与专业学会这类"权力"机构会迫使我们按照这种特定的知识范式行事。最后,在"伦理"维度上,产生了一种具有西方科学素养的新人,使人们不仅以这种观念去区分不同的人,同时也以这种观念来塑造自己,并且自觉地遵循特定的权利和义务。这样,通过知识、权力与伦理三轴,我们看到了非西方社会在全球化过程中是如何"科学化"自身以及如何边缘化其传统文化的内在认识与社会机制的。

二、科学与殖民地扩张

如果说福柯与库恩的工作为西方科学的全球扩张提供了社会学与哲学的分析框架,那么科学史家派因森与巴萨拉的研究则提供了历史依据。

派因森以"科学与文化帝国主义"的研究而闻名,其研究的三部曲是《文化帝国主义和精确科学:德国的海外扩张,1840—1940》、《理性帝国:印度尼西亚的精确科学,1840—1940》和《文明使命:精确科学和法国的海外扩张,1830—1940》。派因森认为,精确科学虽然与建构科学的场所和情境无关,却被法国、德国、英国和荷兰等欧洲列强用来扩张其在海外殖民地的政治、经济和军事利益,负载着文化帝国主义的文明使命。因此,他称精确科学为"文化帝国主义的先锋队"。这种先锋队的扩张模式是按照三个轴进行的:法国是按照功能轴(functionary axis)进行,功能轴是"学术的、军事的与宗教利益的一个紧密整体,在其中,继续从事原创性研究的愿望如果不是被消灭,那也会受压制,外国的科学家在整体上要继续服从宗主国的指导"。法国物理学家和天文学家在其殖民地主要从事收集资料的研究,以更好地服务于其巴黎同行的利益,"所获得材料的研究与所收集的观察的讨论应该在法国完成"。德国则按照研究轴(research axis)进行,研究轴"是学术、商业与军事利益之间的一个松散结合,在其中,研究兴趣保持着最高的地位"。德国物理学家和天文学家关注原创性的理论创新研究,以回应经济与军事的需要。比利时与加拿大却是按照商业轴(mercantilist axis)进行,商业轴"使科学家服从商业利益;研究应该服从于解决技术中的这一或那一问题"。而荷兰则是按照学术与商业利益结合的轴来进行的,在殖民地的科学家通常是其官方代表。① 总之,派因森所关注的是在把西方文明输出到殖民地边缘国家过程中科学的文化使命。

乔治·巴萨拉(George Basalla)于1967年在《科学》杂志上发表了一篇轰动科学史界的文章《西方科学的传播》,该文提出了欧洲科学传播的三阶段模式。与派因森不同的是,他主要研究了"描述性科学"向非西方社会的传播。他认为在16世纪和17世纪之间,一个由英国、法国、意大利、德国、荷兰和斯堪的纳维亚国家等构成的小圈子提供了现代科学的最初家园,并成为科学革命的中心,它们确立了我们如今称之为现代科学的实验室活动和社会机构。

那么,现代科学是如何从西欧传播并征服了世界其他地区的呢?这就是巴萨拉的三阶段模型所要讨论的核心。

"在第一阶段,非科学的社会或者国家为西欧科学提供资源。'非科学'一词指的是缺少现代西方科学,而不是指缺少那些已经在中国或印度发现的本土的古老科学思想。"②第一阶段横跨了近四个世纪,即从16世纪初到19世纪末,而这正是欧洲地理大探险的扩张时期。第一阶段的科学传播不仅包括欧洲殖民者所开拓的尚未开化的国家(如美国与澳大利亚),还包括具有古老文明的国家,如中国与印度。这一阶段,与向新领地进行殖民扩张有密切关

---

① Lewis Pyenson. "Pure Learning and Political Economy: Science and European Expansion in the Age of Imperialism". In: R. P. W. Visser et al. (eds.), *New Trends in the History of Science*. Amsterdam-Atlanta: Rodopi, 1989: 274—276.

② George Basalla. "The Spread of Western Science". *Science*, 1967, 156 (3775): 611.

系的博物学占据着主导地位。这一时期西方科学传播的主体是由训练有素的科学家或业余人士来进行的,这些业余人士包括探险家、旅行家、传教士、外交家等。这个时期西方传播的科学以植物学、动物学、天文学和地质学为主。地理探险使所有的植物、动物、矿物标本及相关信息在异国的土地上被收集起来,然后被送回欧洲,供欧洲科学家进行研究。如某些动植物被送回欧洲,丰富了欧洲的植物园和动物园,或被制成标本放在欧洲的博物馆中,它们改进了欧洲原有的动植物分类体系,导致了动植物地理学的新研究,成为达尔文的生物进化理论得以出现的重要因素。

第二阶段是"殖民地科学"("colonial science")的开始。巴萨拉在这使用的"殖民地科学"并非是一个贬义词,而是指在非欧洲国家中进行的"欧洲科学"的研究。这是与"地方性科学"(local science)不同的"殖民地科学"。这个阶段的科学很大程度上也与西方地理大探险有关。一系列西欧科学研究及其机构在文化上被扩张到世界其他地方,随后这些国家开始支持这些科学活动。最初的"殖民地科学家"都是来自欧洲的殖民者或移居者。欧洲人吸引了非欧洲人到欧洲教育与研究机构中,让他们接受正式的科学教育,或把欧洲的学校与研究机构移植到殖民地,带去西欧科学家的著作和书籍,建立了各种科学刊物、实验室装备和来自欧洲供应商的科学仪器。这些训练将会引导殖民地科学家对欧洲科学家所描绘的科学领域和所提出的问题的兴趣,并教育与训练着非欧洲人,让他们经受各种考试,授予他们各式各样的学位,从而把他们规训进入西欧科学的圈子。殖民地科学由此开始了,它依靠外来的西方人所主持的科学机构。

"'第三阶段'则完成了移植过程,以争取一个相对独立的科学传统。"①通常在政治与文化上的"爱国主义"的刺激下，本土科学家开始争取相对独立的"殖民地科学"研究。一般情况下，在非西方国家或地区政府的资助下，本土科学家开始建立独立的现代西方教育体系，建设相对独立的本土化的科研机构，并把西方科学资助引入完整的教育体系之中，开始出版以本国语言写就的科学教科书，建立科学图书馆，创立本土的科学刊物，最终，他们能够相对独立地研究"西方科学"了，受制于人的日子结束了。总之，在第三阶段，非欧洲国家的科学家正在努力创造一个相对独立的"殖民地科学"，主要依靠本土力量解决科学问题。当然，这些非西方的科学家，习惯向影响因子高的外文科学刊物投稿，不愿意在一个本土的不知名期刊上发表他们的研究成果，因为这会降低他们的国际声誉。这是几乎所有发展中国家科学研究的历史与现状。

总之，第一阶段里，非西方国家为西方欧洲科学的研究与传播提供生成的土壤与资源；在第二阶段里，非西方国家派生出由西方人主持的西方科学的研究及其附属机构；第三阶段里，形成了一个西方意义上的"民族"科学，即由非西方国家的人主持的"西方科学研究"。

不过，要将西方科学融入非西方社会绝非易事，尤其需要克服文化障碍。如20世纪前的东亚形成了一个高度文明的文化圈，它以中国为中心，以汉语为语言媒介，特别讲究儒教伦理。其文明程度之高，是阻碍西方科学文明进入东亚的一个重要因素。因此，"中国科学的缓慢发展，在很大程度上，可以通过现代科学没有能力去替代作为普遍哲学的儒家而得到解释。儒家思想强调道德原

---

① George Basalla. "The Spread of Western Science". *Science*, 1967, 156 (3775): 617.

则和人与人之间关系的重要性,不鼓励系统研究自然界。儒家反对科学知识,这成为19世纪早期中国权贵诗歌中的典型现象"①。中国人对这种态度的坚持直到19世纪末才结束。正是在那个时期,儒教伦理的根本观念才开始受到了决定性的挑战,并逐渐被接近西方精神的价值系统所代替。

应该说,巴萨拉的三阶段模型表明:它实际上是在两种意义上提供了一个从中心到边缘的欧洲科学中心论的传播模型:一个是地理意义上,表现为从西方欧洲到非西方国家或地区的单向线性传播过程;另一个则是文化和认知意义上,表现为科学是普遍客观的,超越了时空的限制,科学的传播过程是同质化的。

从20世纪80年代开始,巴萨拉模型受到STS的强烈质疑和批判(这实际上也适用于派因森的模式),主要表现在两个方面:一是质疑它所宣扬的以欧洲中心论为基础的科学定义。蕾娜(Dhruv Raina)就认为,在公元1450年到公元1800年之间,有更多的非欧洲知识传播到欧洲,而不是欧洲常常承认的那么少,各种文化和国家之间存在相互交流的现象,如葡萄牙医生向印度医生和伊斯兰教医师学习。二是批评巴萨拉只关注于现代西方文化在整个世界的传播,却没有认识到科学的含义会在跨文化实践中改变。罗伊·麦克劳德(Roy Macleod)指出了该模型的六大缺陷:"(1)它没有注意到非常不同的社会所具有的文化环境;(2)它使西方的科学意识形态成为一个整体,并传播到非西方;(3)它没有解释政治和文化因素是如何改变这三个阶段之间被遮蔽的区域的;(4)它没有解释科学如何通过它与技术和现代文化的关系,从

---

① George Basalla. "The Spread of Western Science". *Science*, 1967, 156 (3775): 617.

而占据现代文化的核心阶段;(5)它没有解释新殖民主义的突现;(6)它没有解释造成第三世界困境的相互依赖性。"[1]另外,他还认为巴萨拉模型缺少了对科学复杂的政治维度的关注,他要求一种关于帝国科学的更为动态的概念,要求承认"移动的大都市"(Moving Metropolis)(帝国的一种作用),而不是一种对中心和边缘的固定二分法。

巴萨拉与派因森的工作由于没有考虑西方科学传播的地方性阻抗和社会文化的情境性,而饱受非议,但不可否认的是,这两个模型揭示出西方科学全球化或普遍化的历史路径,对西方科学在当下全球现代化进程中的主导地位给出了较令人信服的合理解释。

第二节 后殖民主义视野中的科学全球化

派因森和巴萨拉对西方科学全球化历程的描述,在一定程度上还是以传统科学哲学为基础的。随着各种相对主义思潮的不断出现,传统科学哲学所坚持的客观科学的理想,开始受到质疑。当这种质疑扩展到对科学的跨文化理解时,便产生了一种彻底相对主义化的科学观,即后殖民主义科学观。不过,随着20世纪80年代STS内部科学实践哲学和社会建构主义之间的分野,后殖民主义也慢慢开始分化出了一种新的立场:后殖民主义技科学。

一、后殖主义对科学的极端解构

如果我们从认识论的角度进一步进行深层次分析,那么上述

---

[1] N. Reingold, M. Rothenburg (eds.). *Scientific Colonialism: A Cross-cultural Comparison*. Washington DC: Smithsonian Institution Press, 1987: 227.

巴萨拉模型和派因森的文化帝国主义概念实际上体现的仍是传统内史的科学认识论。依据桑德拉·哈丁(Sandra Harding)的观点,所谓内史科学认识论强调的是,"现代科学的成功是由其内在特征保证的——实验方法或更为一般的科学方法、使客观性和合理性最大化的科学标准、为表达自然规律而对数学的使用、对自然主要性质和次要性质的区分或其他。科学是单一的——有且只有一种科学——它的成分被这些内在特征和谐地整合在一起"[1]。也就是说,科学的这种内在特征保证了西方科学能传播到非西方文化及地区,具有普遍适用性,"科学知识之所以传播是因为它是真的;任何传播失败都能通过虚假信念和不合理保证所导致的抵制而得到解释"[2]。因此,尽管社会和文化因素可能会影响科学研究,但对科学知识的客观性和合理性没有构成根本挑战,可通过默顿所谓的"科学精神气质"得以清除。"当今世界的实际状况是:几乎所有文化中的人都是采用同一认知框架去描述自然:所有人都寻求经验证据来支持他们的观点,所有理性都是逻辑式的;所有人都用同一科学世界观来看待这一世界,用同样方法来处理他们所生活的不同世界。这种认知框架就是近代科学的世界图景。"[3]这也是巴萨拉三阶段科学传播模型得以流行的认识论基础。

然而,自库恩《科学革命的结构》一书打开了用社会学研究科学知识的大门后,上述巴萨拉模型所依赖的这种内史科学认识论就开始受到严重挑战,特别是紧随库恩步伐的SSK强纲领四原则

---

[1] Sandra Harding. *Is Science Multicultural?* Bloomington & Indianapolis: Indiana University Press, 1998: 2.

[2] James A. Secord. "Knowledge in Transit". *Isis*, 2004, 95(4): 655.

[3] 蔡仲:《后现代相对主义与反科学思潮:科学、修饰与权力》,南京:南京大学出版社,2004年,第157页。

更是从社会学解释模式上进一步解构了内史科学认识论所主张的普遍客观的科学。在SSK的对称性原则看来,西方科技和其他非西方地区的科技(如印度的吠陀科学或阿赞德人原始部落的信念)地位平等,无一优先,它们两者都不过是社会建构的产物。正是受到库恩哲学和SSK对称性思想的较大影响后,一种关于跨文化比较研究的后殖民主义科学观由此诞生并蓬勃发展。它的核心观点是,所有的知识系统,包括西方欧洲科技知识在内,都是平等的,都不过是一种地方性系统,都与它所处的文化和地区等情境密切相关,西方科技在认识论上并不具有优先地位。也就是说,"所有的知识系统都是地方性的。西方当代的科技,不应该被视为一种知识标准,其理性或客观性应该被看作是知识系统的一个变量,并且与其他地方性知识比较而言,具有相同的地位"[①]。按照这种理解,现代西方科学不过是多种理解世界的方式之一,并且体现在其自身的文化语境中,像其他知识也体现在它们自身的文化中一样,因此,它并不能作为知识的超文化的合理性源泉。所有科学都是后殖民科学,都是种族科学,没有哪一种科学比其他科学更普遍为真。西方殖民主义以其科学的标准,把其他文化的知识视为一种对自然的歪曲表述,而具客观性和理性的科学则被视为殖民统治的合法化手段。

在对称性原则中,近代科学被剥夺了其普遍性的比较优势。在平等的冲动中,强纲领声称比起其他科学来说,现代科学并没有接近自然,更没有解释真理,只不过是一种游戏,其规则是任意的,是相对于统治范式的。正如一种文化为其居民建构了一种世界观

[①] S. Jasanoff, G. E. Markle, J. C. Petersen, T. Pinch(eds.). *Handbook of Science and Technology Studies*. Thousand Oaks: Sage, 1995: 116.

一样,一个范式建构并在文化上同化了科学家,其结果体现在现代科学之中。像前现代知识系统一样,辩护"总是停止在某种原则或只具有局部可信性的所谓事实问题上"。这样,强纲领社会学家为前现代、非西方的知识体系提供了一种恩赐,他们认为在现代科学成果与任何其他知识系统之间存在非认识论的差异,"所有有关自然的地域性信念完全都是建立在社会的偶发利益与文化的意义上"[①]。在这样一种世界中,不同世界之间的差异,只能够体现在其社会价值上,针对同一对象所形成的不同的甚至相互矛盾的信念,同样都是合理的,因为它们是相对于社会价值而言的。

强纲领通过有意识地贬低独立于理论的外部世界的贡献,有意识地夸大文化的创造力量,结果是虽然外部世界被表征在所有文化的所有科学中,但只是作为一种沉默的参与者,任人摆布。布鲁尔明确声称自然与人们对它的认识无关,有人可能认为人们对电子的认识是正确的,而生活在其他部落的人则否认其合理性,但"在某种意义上来说,电子自身并不关心这一故事,因为作为两种不同答案的背后的共同因素,它是与我们相互作用的不同的原因"[②]。即使不同的文化与同一实在相互作用,然而就过程的细节、社会制度、相互作用的技术上的差异,其结果可能是非常不同的。

伴随着对库恩理论中相对主义的极端解释,强纲领相信正是范式或文化引导着所有的感觉与经验从实在上升到理论。当然,强纲领 SSK 的最初意图并不是诋毁科学,他们的对称性原则在事

---

① Barry Barnes. "How Not to Do the Sociology of Knowledge". *Annals of Scholarship*, 1991, 8(3—4): 331.

② David Bloor. "Anti-Latour". *Studies in History and Philosophy of Science*, 1999, 30(1): 93.

实上反映出对科学的中立性与客观性的模仿。但他们的论证逻辑会导致对科学的怀疑论,因为如果科学的结果最终是由社会约定来辩护的,那么也就不会存在事实的或理性的根据以作为选择的基础。把同等地位的地域性赋予科学、同等的合理性赋予所有的地域认知方式,是一种政治的权力化。如果我们认为由现代科学所证实的客观性真理是犹太教和基督教与西方利益的产物,那么吠陀科学也可能成为自然的客观真理的合法代表。

然后,后殖民主义极端科学观的支持者在很多时候有着非科学的利益诉求,例如在印度,吠陀科学运动已经表明那些为缺乏可信性的信念寻求科学地位的人实际上属于占统治地位的社会集团。他们很可能是在利用科学的标签来推进其危险的政治议程,印度教的意识形态正在地方性知识的离场中为其神秘"方法论"的科学性进行辩护。

印度生物学家梅拉·兰达(Merra Nanda)批评说:"科学社会学的强纲领、社会建构主义的文本,他们是这样承认'他者'的合理性的:将合理性削弱至最低限度,最终使得所有文化知识的批判性评价功能完全消失。我将通过社会学的论证表明为什么这样一种弱的和不具有批判性评价功能的理性对迅速现代化的第三世界是灾难性的。"[1]

这种后殖民科学观的著名代表人物之一就是哈丁,她的强客观性概念和边缘认识论所体现的多元文化论思想就充分说明了地方性科学的典型特征,即把"差异性"绘制为一种隐藏的霸权。所

---

[1] MerraNanda. *Prophets Facing Backward: Postmodern Critiques of Science and Hindu Nationalism in Indian*. New Brunswick: Rutgers University Press, 2003: Ch. 5.

谓强客观性是指从边缘化生活开始思考，为客观性的最大化提供了一种更有力、更有竞争性的标准。而所谓"边缘认识论"则是指寻求一种最有用的知识系统拼图，而不是寻求一种对世界的完美表征。"这种认识论的目标不是把所有不同的科学整合成一个最大化的理想知识系统，因为这样一个过程就必然会丧失这样的优点：相冲突的认知/道德/政治利益、话语资源、组织知识生产的方式和由此文化发展出来的概念图式。而是我们每个人和我们的地方性制度将会了解到不同知识系统的资源与局限性……这是一种这样的认识论，寻求一种最有用的知识系统拼图，而不是寻求一种对世界的完美表征。或者换个比喻说，'边缘认识论'出于人们需要科学的不同目的，寻求一套最好的科学地图，而不是一幅巨大的地图，这幅巨大的地图为任何人（不论出于任何目的）想去的地方提供了一个最满意的指南。像这样一幅完美的'通用地图'，当然只能是世界本身。"[①]

如果我们把这种后殖民科学观运用到科技的跨文化和跨地区传播的研究中，就不难发现上述后殖民科学观具有两方面的特点：一方面是在积极意义上说，后殖民科学观以库恩哲学和 SSK 为透视镜，来考察发达国家与不发达国家之间的文化关系，看到了科学和技术的情境性特征，即科技是社会性的和地方性的，并总是政治性的，也就是说，科技并不像巴萨拉模型和派因森文化帝国主义所宣扬的那样客观普遍，与情境无关，而是相反，这对破除科技欧洲中心论的幻觉具有重要意义；但是另一方面，从消极意义来说，这种后殖民科学观完全颠覆了科技的客观性，过于强调地方性和差

[①] Andrew Ross(ed.). *Science Wars*. Durham: Duke University Press, 1996: 24.

异性维度，忽视了全球性维度，这种做法只会造成不同民族科技之间的永久隔阂，走向文化相对主义，陷入"地方性"海洋的困境中。科学史学家大卫·查伯斯（David Wade Chambers）一针见血地指出了这种研究所面临的问题，"殖民科学史家已经开始绘制这些未加以绘制的地方性；有人可能会说这些正在发展的地方性焦点是科学史领域中一个最大的成就。然而，这个问题仍然是：如果我们不能找到一个独立的其他优点去解释和比较——我们是否称它为主人叙述、理论模型或第三空间——我们所能得到的也只能是陷入本土主义者的种族历史的海洋之中"①。

总之，后殖民主义对现代科学的拒斥，是基于这样的观点：所有的知识系统，包括西方科技知识，都是一种地方性知识系统。这看到了科技的情境性和地方性，却忽略了科技的全球网络性和动态流动性。科学史家夏平指出："我们不仅要理解知识是如何在特定的场点中被制造出来的，而且也要理解它们在不同场点之间的交流是如何发生的。"②

后殖民主义对现代科学的极端解构，在实践中已经造成了一些灾难性的后果。如在印度，科学与科学家达到了与西方同等的能力和声誉。然而，人民党却以宗教的名义发起了一场在政治、文化与科学等方面解除殖民化的运动，其目的是推动第三世界放弃西方学术的所有领域，它谴责科学，认为科学是一个外来侵略者，狂热的民族主义现在坚持用"吠陀"科学来取代它。他们把西方科

---

① David Wade Chambers, Richard Gillespie. "Locality in the History of Science". *Osiris*, 2000(15): 229.

② Edward J. Hackett, Olga Amsterdamska, Michael Lynch, Judy Wajcman (eds). *The Handbook of Science and Technology Studies* (Third Edition). Cambridge: The MIT Press, 2008: 182.

第五章　现代科学与地方性知识

学理性描述为帝国主义与种族主义的源泉。这些印度教的信奉者追求一种解除殖民化的科学,狂热地宣扬"印度教的认知方式",要用这种方式来取代异端的、殖民化的西方科学理性。一个众所周知的事实是,控告科学的反现代主义知识分子,同样也强劲地反对所有现代观念,包括世俗化、自由民主、工业化、城市化等,认为它们是从西方进口来的,并不符合印度文明的精神气质。正如兰达批评道:"我们的民族主义者对所有现代观念的毫不妥协的反对,暗示了反动的印度教势力的合法化运动。"①美国著名的印裔社会科学家玛格林(Fredrique Apffel Marglin)尽管承认了应用传统的印度天花免疫法(包括对天花女神的祈祷)导致的死亡人数是现代西方天花免疫法人数的10倍,然而,她坚持反对印度引入现代西方免疫方法。因为这是强迫印度人接受西方"思想的逻辑中心论的模式",这种模式将健康与疾病视为一种截然的二元对立,这与印度的传统宗教信念相对立。"印度式"的非逻辑中心主义,是一种否认健康与疾病二元对立的观点。在"非逻辑中心论"的形而上学信念的语境中,天花女神西塔娜是理性的化身。这些信念并没有在人类的身体、精神与自然界中的病毒之间划一条清楚的界线,而是认为它们不过都是某种精神的不同表现形式,因此,女神西塔娜是疾病与非疾病二者的化身。玛格林捍卫那种以西塔娜的名义出现的印度传统免疫法,目的是保卫传统印度的宗教与文化。在号召"非殖民化的心灵"时,玛格林引用了一系列有影响的印度学者,从 M.甘地到如 A.拉丁主张的新甘地主义,再到新甘地主

---

① Edward J. Hackett, Olga Amsterdamska, Michael Lynch, Judy Wajcman (eds.). *The Handbook of Science and Technology Studies (Third Edition)*. Cambridge: The MIT Press, 2008: 182.

义与一种庸俗化的、时髦的后现代主义的混杂产物,如 V. 西娃(Vandana Shiva)这位印度著名学者一直在为现代西方科学书写令人悲伤的安魂曲。这些"爱国科学"的土著民族学者声称现代科学"本质"上是暴力的、殖民化的、剥削的与等级制的,是一种必须被地域知识所代替的知识。这种爱国科学不仅有意识地反对现代科学,而且还要反对西方文明本身。因为它视现代科学为西方文明的最鲜明特征,特别是后者对价值自由与世界的可知性的强调,是西方文化统治全球的依据。

加亚特里·查克拉沃蒂·斯皮瓦克(Gayatri Chakravorty Spivak)识别出一种不见枪弹的暴力。借助于福柯与德里达的思想,她称这种暴力为"认识暴力"。她指出英国殖民主义者试图禁止印度妻子殉夫的传统做法(寡妇自焚),是这种认识暴力的典型代表。斯皮瓦克声称,当宣布妻子殉夫为非法时,英国殖民主义者实施着一种认识暴力。寡妇的自焚应该根据印度教的教科书与印度武士传统来解读,把它解读为一种殉难的壮举,与去世的丈夫在天国中超验的团圆,或者为君主与国家献身,这些以自我牺牲来为一种意识形态而献身的人应该受到赞美。斯皮瓦克谴责英国殖民者反印度传统的认识暴力,因为它重新定义了什么是高尚之举,什么是暴力之行。这种重新定义是"白人所声称的从棕色男人手中'拯救'出棕色的女人的做法,其结果挫伤了印度教神圣传统赋予这些寡妇自焚的自愿勇气"。因此,认识暴力"不仅体现在军事与工业之上,而且还体现在对传统的摧毁中"[①]。虽然斯皮瓦克是与

---

① Gayatri Chakravorty Spivak. "Can the Subaltern Speak?". In: C. Nelson, L. Grossberg(eds.), *Selected Subaltern Studies*. Urbana: University of Illinois Press, 1988: 302.

后结构理论联系在一起的最具影响的后殖民理论家之一,但她有关认识暴力的思想是来自于 20 世纪初聚集在作为"另类现代性"偶像的甘地旗帜下的一群反西方现代主义的印度知识分子。阿什·兰丁(Ashis Nandy),一位最著名的印度知识分子,在其 1983 年的名著《亲密的敌人》中描述了英帝国主义的认知科学的入侵导致了"对印度传统的整体格式塔的解构"①。其中心思想是,西方人通过重构其理解与构造世界的模式来控制东方人,通过扩展客观的、普遍的模式来"世界化"东方人。

总之,在过去数十年中,在更为一般的社会理论中,随着印度知识分子对科学的后现代转折的思考,文艺复兴的思想遗产已经被鄙视或抛弃,文艺复兴精神——在科学理性的基础上,批评性评价各种文化传统——在这场运动中已经消失殆尽。她们视科学的态度与人文主义的态度相对立。而那些试图保卫作为人文主义的科学精神的人被标上文化"叛国者"或"买办"代理商,其目的是维持自身的优势特权地位。这是印度"科学大战"的特点。反对西方科学作为一种强加的异端宇宙观,一直存在于印度的后殖民主义左派中包括女性主义与环保主义之中。这些"知识分子"是在后现代信仰中接受训练的。这一事实表明了激进的西方"左派"与传统的反动蒙昧主义(反启蒙主义)之间的共同特征。兰达总结这场发生在印度的"科学大战"时说道:"一群人数不多但却颇有影响力的印度知识分子,借助于西方后现代主义对文艺复兴的批判,开始将科学攻击为一种殖民主义的建构,大众的科学运动所带来的科学普及被谴责为内部的殖民化。逐渐地,在几乎未被察觉到的情况

---

① Ashis Nandy. *The Intimate Enemy*. Oxford: Oxford University Press, 1983: 73.

下,'作为社会革命力量的科学'正在让位于一种摧毁任何西方或殖民'认识'污染和被动性的社会运动,结果,社会主义与世俗主义正在让位于甘地式狭隘和狂热的民族主义。"[1]

二、互动中的发展:ANT视域下的后殖民技科学

从方法论的视角来看,无论是巴萨拉的三阶段模型和派因森的文化帝国主义,还是哈丁的后殖民主义科学观,其共同之处都在于,将科学看作一个外在于社会与文化的独立系统。前两者把西方科技看作具有客观普遍有效性的独立系统,能从作为科技中心的西欧向作为科技边缘的殖民地进行一种单向、线性、同质化的扩张过程。而后者却把科技视为一种地方性文化的被动产物,地方性文化单向性地决定着科技,规定着地方性科技的身份与界线。然而事实上,在科技的全球化传播或地方性生产中,科技与社会、文化是在互动中共同影响、共同发展的,科技在改造文化的同时,文化也在改造科技,全球性维度与地方性维度辩证地缠绕在一起,而这正是后殖民技科学观的分析视角。查伯斯在批评客观主义和相对主义科学观的基础上,提出了类似的立场,"一个方向是导致唯我论(solipsism),另一个方向是导致一种关于普遍客观性的炫耀,这种普遍客观性隐藏了对地方性文化和地方性知识的镇压,这是一种无穷倒退吗?根据我们所了解的,也许前进的最好方式是建构一种全新的、更好反响的、民主的和反省的全球性话语。这个过程必将滋养和支持地方性历史与地方性文化,而单独的地方性历史和文化能对现代性事业及其权力结构提供一种外在的批判。

---

[1] Merra Nanda. "Science Wars in India". In: the Editors of Lingua Franca (eds.), *The Sokal Hoax*. Lincoln: University of Nebraska Press, 2000: 208.

地方性和全球性是一对辩证的范畴,在我们的历史中一定仍是如此"①。

后殖民技科学是著名学者沃里克·安德森(Warwick Anderson)提出来的。后殖民技科学的主要做法是以拉图尔的行动者网络理论为方法论视角,来进行发达国家和不发达国家的跨文化比较关系研究,考察科学技术在全球范围内的不同文化中的转译和流动,特别是关注杂合性的复杂边界地带,在其中,传统的二分法如全球性/地方性、第一世界/第三世界、西方/本土、现代/传统、发达/不发达、中心/边缘等被瓦解。亚伯拉罕(Itty Abraham)指明了后殖民技科学的主要研究内容,"后殖民技科学作为一个研究领域,它追踪了科学家、知识、机器和技术的流动和循环,从而跨越了地理政治的界限。它是一种思考科学和技术的批判性方法,我们会很热情地赞同关于它们的研究"②。

当前,有许多学者从事这方面的案例研究,后者表明了当代后殖民技科学是如何在地方性和全球化的辩证互动关系中流动、分布和缠绕,当代学者在此方面开展了大量的工作。亚伯拉罕的工作考察了核物理与印度的国家身份之间的交互建构,他对核物理所经历的国际路线的考察,有助于我们从不同视角考察西方科学。③ 藤村(Joan H. Fujimura)以对跨国基因组学的考察为例,表

---

① David Wade Chambers, Richard Gillespie. "Locality in the History of Science". *Osiris. 2nd Series*, 2000(15): 229.

② Itty Abraham. "The Contradictory Spaces of Postcolonial Technoscience". *Economic and Political Weekly*, 2006: 210.

③ Itty Abraham. "Postcolonial Science, Big Science, and Landscape". In: Roddey Reid, Sharon Traweek(eds.), *Doing Science+Culture*. New York & Londan: Routledge, 2000: 49—70.

明了科学与文化、东方与西方在全球化进程中的持续性重构。[1]赫特(Gabrille Hecht)在对加蓬和马达加斯加油矿开采的研究中,质疑了原子核和非原子核之间的区分,为我们展现了一系列杂乱的社会—技术实践,其中原子核性质、殖民主义和去殖民化既彼此冲突,又相互塑造。在此意义上,当代核地图如果不包括加蓬和马达加斯加等国家,是不完整的,因为就是在这些地方,铀矿采掘与核、去殖民化和现代主体的构造紧密结合在一起。[2] 拉詹通过对美国基因制药商品化的考察,借助于同样的科学语言和实践,为印度的主体商品化提供了一个模板。[3] 后殖民技科学主要具有以下几个特点。

1. 它包含着一种内在的矛盾空间

一方面它指向地方性维度,像后殖民科学观一样,强调围绕非西方本体论建立起来的另类地方性知识;同时另一方面又指向全球性维度,这与当前"对公司全球化的日益关注,科学商品化的不断增加,知识产权的进一步转让和流通"[4]相关。正如亚伯拉罕所指出的,"当后殖民索引着一种关于另类知识(如非西方知识)的位置地点时,后殖民技科学能同时是另一种分析模式,这可能吗?一

---

[1] Joan H. Fujimura. "Transnational Genomics: Transgressing the Boundary between the 'Modern/West' and the 'Premodern/East'". In: Roddey Reid, Sharon Traweek(eds.), *Doing Science + Culture*. New York & London: Routledge, 2000: 71—94.

[2] Gabrille Hecht. "Rupture-Talk in the Nuclear Age: Conjugating Colonial Power in Africa". *Social Studies of Science*, 2002(12): 691—727.

[3] Kaushik Sunder Rajan. "Subjects of Speculation: Emergent Life Sciences and Market Logics in the United States and India". *American Anthropologist*, 2005, 107(1): 9—30.

[4] Warwick Anderson. "Introduction: Postcolonial Technoscience". *Social Studies of Science*, 2002(32): 644.

种思考线索似乎是废除国家标度,而另一种却是试图强化它"①。举例来说,拉图尔在《科学在行动》一书中借用了约翰·劳关于葡萄牙人自从 1498 年后驾驶着大帆船到印度航海探险的案例研究,指出了葡萄牙大帆船的航行不仅对印度和世界的其他部分有影响,而且还对葡萄牙本身有影响。"它们(大帆船)一开始来来回回航行时,就追踪了一个围绕里斯本的不断增长的空间。一个新时代就是这样:以前没有什么东西能在欧洲另一端这个安静的城市里轻易地区分不同的年份;没有什么东西发生在这里面,好像时间在那里凝固了。但是当这些大帆船开始带着战利品、赃物、金子和香料返回时,实际上里斯本发生了变化,这个地方性城市变成了一个比罗马帝国还要大的帝国资本。"②再举例来说,韩国学者金宗洋(Jongyoung Kim)在其《跨文化的医学:一种关于韩医的科学—工业网络的多地点常人方法论》③一文中,借用全球性与地方性这两个维度的辩证关系来考察韩医在全球性语境中是如何改造它的知识、身份和界线的。他一方面指出了韩医科学化、全球化和工业化的地方性因素,例如,韩医民族主义在与西方生物医学的长期斗争中,一直在为韩医的传承与发展辩护。但 1997 年韩国政府陷入突如其来的严重财政危机,政府想让韩国经济摆脱严重依赖大企业财团的这种被动局面,于是为韩医公司提供研究资金、减税、人才和优惠政策等。另一方面指出了韩国政府为让韩医在国际上获

---

① Itty Abraham. "The Contradictory Spaces of Postcolonial Technoscience". *Economic and Political Weekly*, 2006:210.

② Bruno Latour. *Science in Action: How to Follow Scientists and Engineers through Society*. Cambridge: Harvard University Press, 1987:230.

③ Jongyoung Kim. "Beyond Paradigm: Making Transcultural Connections in a Scientific Translation of Acupuncture". *Medical Anthropology*, 2009, 28(1):31—64.

得认同,满足其全球化战略的需要,特别鼓励韩医研究人员在著名国际期刊发表论文。韩医研究人员为了做到这一点,不得不采用西方生物医学技术,如核磁共振影像技术等验证韩医的有效性,抛弃了韩医的阴阳基本理论,于是西方生物医学和韩医之间长期以来的二分界线完全被打破,一种杂合型医学实践网络开始形成。

安德森用两句话来概括后殖民技科学这种"网络地方化和地方网络化"的矛盾辩证关系,一句是"甚至是最为普遍的技科学,像其他实践一样,总是有其地方性历史和地方政治,即使有关的行动者声称是在从事全球性"①。另一句则是"即使是最为地方性的研究也应该暗示着一个网络,通过人员、实践和对象的交流,表明了与其他地点的联系"②。

2. 它处在去中心化、多方位交流和充满异质性因素的网络之中

在过去的 30 多年时间里,STS 通过充分的经验研究已经表明,科技不可避免地与社会缠绕在一起,它们的发展是依赖路径的(path-dependent),内嵌在特定的历史、社会、经济、技术等异质性因素所构成的网络中。在此,科技成了社会文化建构的产物,它们所谓的普遍客观性被瓦解,这从文化和认知意义上彻底地解构了巴萨拉与派因森的中心—边缘科技传播模型的基础。后殖民技科学研究认为,科技的跨国家和跨文化传播最好被理解成一个具有"边缘中心"(peripheral centers)和"中心边缘"(central peripheries)特征的去中心化、多方位交流的异质性动态网络。就如在欧洲,有的科技中心是主要的,有的科技中心则是次要的、边

---

① Warwick Anderson. "Introduction: Postcolonial Technoscience". *Social Studies of Science*, 2002(32): 649—650.

② Warwick Anderson. "Introduction: Postcolonial Technoscience". *Social Studies of Science*, 2002(32): 652.

缘的,即便伦敦也是如此,城市中也分布着主要的研究机构和边缘研究机构。同理,在巴萨拉意义上的其他边缘地区也有科技的中心和边缘。"中心或边缘并不主要是一个地理位置问题,而是社会、科学和……权力关系的一个综合结果。……科学家像其他人一样,出生就有身份,他们属于某个地方,他们忠于某件事情。甚至更为重要的是,科学家的日常活动发生在一个由关于体制、议程、职业机会、工作语言、财政支持和赞助系统等所构成的框架中。"①

美国学者阿密特·普雷萨德(Amit Prasad)就意识到了这一点,在《在现代科学的"他者"剧场中的科学文化》②一文中,他大胆地运用后殖民技科学观点,对美国、印度和英国的磁共振成像技术(MRI)的研究和发展进行了一番跨文化和跨国家分析。他认为,所谓科技欧洲中心论在地理意义上说也是站不住脚的。根据他的研究,MRI通常最早可追溯到20世纪40年代的核磁共振成像技术(NMR),印度科学院的苏利亚(G. Suryan)在那时就设计了几个NMR实验,并将实验结果发表在著名杂志上。20世纪50年代,在印度出现了另外两个NMR研究中心,一个是加尔各答的核物理研究所,由萨哈(A. K. Saha)所领导,另一个则是孟买的塔塔基础研究院,由达摩提(S. S. Dharmatti)所领导。1973年,印度科学家劳特布尔(Paul Lauterbur)在《自然》杂志上第一次提出

---

① 转引自David Wade Chambers, Richard Gillespie. "Locality in the History of Science:Colonial Science, Technoscience, and Indigenous Knowledge". *Osiris*, 2000 (15):223。

② Amit Prasad. "Scientific Culture in the 'Other' Theatre of 'Modern Science':An Analysis of the Culture of Magnetic Resonance". *Social Studies of Science*, 2005, 35(6):463—489。

NMR方法。一年后他在孟买召开的国际磁共振团体会议上又一次递交了一篇关于NMR成像技术的文章。此后作为MRI前身的NMR研究在印度繁荣起来,而此时NMR研究却在美国和一些欧洲国家刚刚兴起。这样看来,印度关于MRI研究的知识相比美国和一些欧洲国家而言,并不落后。那么,印度科学家为何在发展MRI技术方面贡献甚微呢?在他看来,不是因为印度缺少一个共有科学价值和承诺的科学共同体,而是因为印度科学家缺少合作精神以及缺少足够的资源来获得和保护昂贵的MRI国际专利,这与印度特定的社会—历史文化情境有关。"如果科学文化是根据科学认识论或这个社会的文化来具体化,那么技科学研究分析的欧洲中心论就无法克服。之所以这样,是因为这样的具体化把关于科学文化的争论限制在关于现代科学及其西方欧洲起源的建构形象中,忽略了技科学研究发生的权力和行政网络。我主张科学文化是偶然性的,并与特定的历史和社会—技术情境辩证相关。"[1]具体说来,前者如果崇尚利己主义,那么科学家之间就会缺少信任且很少合作。根据普雷萨德的采访记录,一个在新德里工作的放射科学家想利用西方研发的新MRI技术来从事乳腺癌探测研究,而离其实验室不过是几英里路远的地方,就有一个作为乳腺癌研究先驱的MRS(磁共振协会),这一协会早已研发出了一些新的MRI技术,而这位放射科学家对此竟然毫不知悉,只好舍近求远。后者是因为在印度的文化里,财富女神与知识女神是无法走到一起的,这导致印度科学家对专利权和知识产权不感兴趣,

---

[1] Amit Prasad. "Scientific Culture in the 'Other' Theatre of 'Modern Science': An Analysis of the Culture of Magnetic Resonance". *Social Studies of Science*, 2005, 35(6): 464.

同时他们也难以获得足够的资源来保护大科学时代的知识产权,从事科学活动很大程度上成了个人的事业。

总之,巴萨拉模型和派因森文化帝国主义所宣扬的欧洲科技中心论是对当前科技的跨文化和跨国家传播现象的一种简单化误解。事实上,自19世纪以来,这种传播现象就一直处在一张去中心化、多方位交流和充满异质性因素的无缝之网中。正如马歇尔·萨林斯(Marshall Sahlins)认为的,"中心和边缘的概念现在就像分析术语一样无用。杂合或不完备的现代性到处呈网状,无法找到纯粹的来源"[1]。

3. 后殖民技科学实践呈现出杂合形式

在后殖民技科学的全球化网络中,各种异质性要素始终处于一个开放式驻足点的冲撞过程中。举例来说,长期以来,西方医学与非西方传统医学通常被认为是库恩意义上的不同范式,两者不可通约。然而事实并非如此简单。金宗洋详细考察了西方生物医学与传统韩医学的冲撞式杂合过程,对上述这种库恩范式意义上的观点予以纠正。[2] 他的研究表明,韩医和西方生物医学一样,都不是一种完整统一的文化。在全球化的今天,韩医与西方生物医学之间存在部分的交流和转译,创造性地把二者各自的成分转译杂合成一种新的技科学实践形式。1997年,美国科学家邱长溪(Zang-Hee Cho)博士领导的医学工程小组,与韩国李慧静(Hye-Jung Lee)博士领导的针灸医生小组进行了跨国家和跨文化的合

---

[1] Warwick Anderson. "Introduction: Postcolonial Technoscience". *Social Studies of Science*, 2002(32): 650.

[2] Jongyoung Kim. "Beyond paradigm: Making Transcultural Connections in a Scientific Translation of Acupuncture". *Social Science & Medicine*, 2006(62): 2960—2972.

作,共同开展了一个关于针灸科学性和有效性的科学实验,实验的目的在于利用MRI技术表明某个针灸点与大脑布罗德曼区域的可视部分之间的直接联系。第二年,这一研究获得成功,相关成果发表在了世界主要科学杂志之一《美国国家科学院院刊》上。接下来的几年里,美国、日本、中国台湾、中国香港和德国都进行了类似实验。这个案例研究至少表明后殖民技科学实践有两种杂合形式:一是体现在研究人员杂合构成中,有西方生物医学家,也有韩国针灸医生;二是体现在实验杂合过程中,将针灸现象、MRI和神经理论结合起来考虑。显然,这一杂合实验权宜性地放弃了韩医的文化基础,如气和经络理论。但这种研究上的策略使韩医的地位发生了转换:韩医的从业人员在韩国乃至全世界获得了地位,变得极为富有,这一方面是因为韩医的新产品如美容化妆品和草药补品在全球市场特别是在美国的地位,另一方面也是由于他们迎合了西方人追求另类医学的偏好以及韩国政府试图将韩国经济推向全球的目标,等等。因此,他的研究表明那种"不同文化之间不可通约"这一观点是站不住脚的,技科学实践往往呈现出多种情境性杂合形式,处在一个面向未来的、开放性的网络之中。

4. 发达国家和不发达国家之间的权力关系是不对称的

当然,在后殖民技科学的这张去中心化的全球化网络中,各种异质性行动者的地位是不对称的,尤其是在发达国家与不发达国家之间。金宗洋的工作也可以这样理解:正是因为在全球化的背景下西方科学与非西方科学之间的不对等关系,韩医才不得不权益性地采取西医的某些因素以使自己获得合法性地位。这一方面体现在韩医观点的技术验证方面,如采用MRI技术以验证韩医的效力,另一方面也体现在采用西方主流医学术语翻译韩医中的某些概念,例如,韩国医学研究人员为了发表论文,而不得不将韩医中的"中风"(Joong-Poong)翻译为西医中的"脑缺血"(Cerebral Ischaemia)。在此意义上,韩医与西医明显处在不对称的权力和地位上。亚当斯(Vincanne Adams)的工作也表明了藏医生为了抵挡全球化过程中标准化科学观的侵蚀,以模糊的方式将藏医重新界定为科学,不过,这些工作却被标准科学观视为犯罪,因为藏医生在从事这些工作时没有遵从国家卫生的随机性和可控性双盲检验标准。[①]

如果我们将SSK与科学实践哲学、后殖民主义科学观与后殖民技科学观做一番比较,我们就会发现后殖民技科学的建设性意义,因为它看到了技科学在跨文化和跨国家的传播过程中,一直处在"地方"与"网络"的辩证关系之中,在这种辩证关系中,一切异质性要素都在其中开放冲撞式地生成。那么,我们如何看待非西方社会的"现代化转型"中所必然出现的"西方体系规训"与"地方性阻抗"之间的激烈矛盾,以及由此带来的传统文化的保真性与现代科学身份认同之间的张力? 从后殖民技科学这一视角,我们可以得出以下结论。

首先,我们不能像某些极端后殖民主义者那样,把知识限制在传统文化的框架内,开展驱逐"西方科学"的那种煽动性的激进后殖民运动。在"身份认同政治的部落文化"的口号下,"被压抑的本土知识"拉起了"反叛"的大旗,其目的在于推动非西方世界放弃西方学术的所有领域,它们谴责殖民地的西方科学,认为它只是一种外来的侵略,并主张用"地方性科学"取代它。后殖民批判无情地

[①] Vincanne Adams. "Randomized Controlled Crime: Postcolonial Sciences in Alternative Medicine Research". *Social Studies of Science*, 2002, 32(5—6): 659—690.

坚持要揭露西方文化形式的地理与版图的霸权式绘制,解构帝国主义的模板,使其普遍性、总体性的编码失效,也就是说,极端后殖民主义希望我们从"自治的圈地中"移除西方科学,平等地看待地方性知识。然而,这种做法过于强调地方性和差异性维度,忽视了全球性维度,只会造成不同民族科技之间的永久隔阂,走向文化相对主义,陷入"地方性知识"的海洋之中。

其次,我们无法否认西方科学的全球性主导地位,这是一种无法改变的历史现状与趋势。杰弗里·布克(Geoffrey C. Bowker)与苏珊·斯塔(Susan Leigh Star)曾研究过标准化和分类的历史特别是疾病的国际分类(ICD),他们强调,"这一系统[ICD]在帝国主义时代就得以确立,帝国主义者对疾病的解读从西方扩展到世界其他地方",因此,"ICD 在创造现代化国家中扮演着一个关键角色"[①]。正是借助于"西方科学"的这种智力导向,第三世界国家正在实现其各具特色的"现代性",科技成为现代性的主要标志,是阐述发展中国家现代性的一个关键场所。现代性、民族与国家,所有这一切都必须在西方现代科技文化与机构中经受住"审查"。

第三,地方性知识应该积极融入全球化过程,在全球化过程中发出本土的声音。应该说,在实用领域中,"西方体系规训"与"地方性阻抗"之间的矛盾并非十分突出,冲突主要体现在地方性知识的文化经典诠释上。例如,就地方性医学而言,各式各样的民族主义一直在与西方生物医学进行长期斗争,它们把地方性医学限制在其文化传统之中,拒绝来自西方生物医学的解释,这是非西方社

---

① Geoffrey C. Bowker, Susan Leigh Star. *Sorting Things Out: Classification and its Consequences*. Cambridge: The MIT Press, 2000: 115.

会的一个较普遍的现象。然而,地方性知识要融入全球化,就必须获得现代科学的身份,在国际学术界上获得认同,在著名国际期刊发表论文,以获取"入门证"。而要做到这一点,地方性知识就得"权宜性"地放弃传统文化的经典诠释,用西方实证科学的规范进行研究,用西方科学术语和理论发表论文。这是由于西方科学与地方性知识处于明显不对称的权力和地位上,这是历史所造成的不可逆转的事实。反之,如果地方性知识不以现代科学的身份积极融入全球化过程,那么随着全球知识经济的兴起与确立,许多地方性知识就会陷入尴尬困境,逐渐被边缘化或自动消失。

最后,在西方科学和地方性知识的冲撞中,会产生一个杂合的主体,其身份也不再是纯粹的、单一的。西方科学在重塑各地方性知识的同时,各地方性知识也改造了西方科学,真正意义上的"全球性科学"或"普遍性"正是这种相互共塑的生成结果。

扩展阅读

George Basalla. "The Spread of Western Science". *Science*, 1967, 256 (3775).

桑德拉·哈丁:《科学的文化多元性》,夏侯炳、谭兆民译,南昌:江西教育出版社,2002年。

Warwick Anderson. "Introduction: Postcolonial Technoscience". *Social Studies of Science*, 2002(32).

思考题

1. 西方国家的殖民扩张与近代科学从西方向非西方世界的传播之间存在何种关联?

2. 在全球化的进程之中,全球性与地方性之间始终存在着矛盾。你认为这一矛盾在一般文化领域和科学领域的表现有何异同?

第六章　科技创新的理论与实践审视

在当代社会,科学技术已经成了最为强大的改造性力量。因此,科技创新就不单纯是一个认识论的问题,即不再是以单纯的知识创新为目的,而是以创新出符合社会需要的或者说能够创造出新的社会需求的技术为目的。

第一节　科技创新的理论审视

如果当代科学在一定程度上都成了技科学,那也就意味着科学、技术与社会之间的边界的消融,进而,科技创新就不仅仅是科学或者技术的事情,而是科学、技术与社会这一综合系统的产物。如果科技创新成了一项社会事业,那么,创新就得服从于一定的原则,我们该坚持一种以确定无伤害为前提的预防性原则还是以积极进取为特征的主动性原则呢?同时,既然科技创新的结果是社会的改变,那么,创新与责任就无法分割,一种负责任的科技创新观正在成为学界的共识。

第六章 科技创新的理论与实践审视

一、社会技术系统中的科技创新

传统而言,人们会将科技创新区分为科技创新的技术维度和社会维度。其前提是技术认识论和技术社会学的分割,前者负责为技术合理性提供认识论的辩护,后者则对技术的社会接受度和社会影响进行现实分析。不过,从对技科学概念的分析可见,科学、技术与社会在当代呈现出一种相互交融的趋势,在这种交融中,三者的边界变得模糊。本体论层面上的这种变化为我们分析科技创新提供了一种新的视角。

1. 创新的社会性

技科学与传统理性科学之间的差别,在创新问题上的意义主要体现在,创新并不单纯是一个技术性问题,它有时候具有社会性维度。这一点在很多情况下是显而易见的。例如,我们走进校园,会评价这些建筑的美感、体会校园的文化底蕴,因此,美感和底蕴就会成为校园建筑设计和空间布局的重要原则;当我们购买某些产品如手机、电脑时,除了考虑手机、电脑制造商的技术水平外,同样也会将电子产品的实用性和外在设计等方面纳入考虑范围。有人可能会说,美感、底蕴和建筑学不同,电子产品的实用性和外在设计与其内在的运转机制也不同,正是这些内在因素决定了技术产品的可行性,而它们所展现出来的那些与人相关的属性仅仅影响了人们对它们的接受度。这种观点有一定道理,特别是当我们将科学和技术当作一项纯粹的认识论事业的时候。不过,既然科学和技术的目的之一就是要走入社会实践,因此,社会实践对它的影响就不能仅仅是外在的,社会必然会进入科学技术或技科学的内部。因为当你选择某些技术产品时,并不会仅仅考虑这些产品的认识论地位。例如,早期的相机非常笨重、操作复杂,而且需要经过复杂的程序冲洗照片,因此,拍照成了一项专业性或技术性的活动,这就限制了相机和胶卷销售的目标人群。柯达公司的创始人伊斯特曼认为,必须降低相机的价格、减小体积、简化操作,并且需要把冲洗照片和拍照的程序分开。达到了这种要求的相机后来被称作傻瓜相机,这一名称尽管并不雅观,却形象地表明了其操作的简单性,这种简单操作使得几乎每个人都可能成为它的目标人群。[1] 当然,从认识论的层面上来说,早期笨重的相机和柯达相机似乎都具有有效性,甚至是合理性、客观性,但它们有着不同的结局,这恰恰说明了所谓外围因素的影响力同样是构成性的。当然,在后来数码时代的科技创新竞争中,柯达在某些关键时刻误判了形势,最终丧失了市场主导地位。这一戏剧性的结局同样无法单独用认识论来解答。

　　如果上述例子不太严肃,不太符合人们一般意义上所理解的发生在实验室内的那种科技创新,那么我们可以选择一个更为学院化的例子。设想第二章中拉图尔所考察过的实验室中的那位老板,当他需要寻求另外一个实验室以进行某项合作研究时,当其寻求某位同行准备合写一篇论文时,当其试图说服医生进行临床试验时,他所考虑的绝对不会仅仅是认知因素,他同样会考虑到另一个实验室或其同行的知名度、研究水平、资金实力等,也会提前分析一下那位医生的社会影响力。同样,有人可能会指出,后面的因素对于科技创新而言,仅仅是偶然性的,而认知因素才是最关键的。不过,一方面科学哲学家们试图为认知因素的合理性做辩护,但最终仍归于失败,另一方面如果离开了那些非认知因素,科技创

---

[1] Bruno Latour. *Science in Action*: *How to Follow Scientists and Engineers Through Society*. Cambridge:Harvard University Press, 1987:115.

新的结果将会是另外一种样子,就如迪塞尔机的例子所表明的那样。在此意义上,这些因素对科技创新的影响是构成性的,它们直接进入了科技创新的最终成果之中。由此,更准确地说,科技创新可以被理解为社会—技术创新。

2. 创新与需求之间的辩证法

上文的分析主要侧重于以社会接受度来判定技术的命运,不过,在很多时候,需求也是可以被创造出来的。

拉图尔曾经为这种需求的创造过程提供了一个分析模型,他称之为"转译"。拉图尔认为,如果想要某人对你的科技项目或科技产品感兴趣,那就必须与其拥有共同的兴趣或利益。在英语中,利益和兴趣都是用 interest 一词来表达的,其词源是 interesse,意思是指存在于行动者与其行动目标之间的东西。在此意义上,与行动者的目标相关的东西都可以成为 interest。进而,interest 的上述两层含义就有了一致性,也就是说,吸引他人对自己的项目和产品感兴趣的过程,也就是与他人建立共同利益的过程。例如,当物理学家西拉德向五角大楼游说核武器时,美国的将军们对此不感兴趣,他们认为这一项目耗时太久、投入太多,而且看不到其对赢得战争有什么帮助,他们完全可以使用常规武器与德国人战斗。至此,西拉德似乎要失败了,因为他无法创造出美国军界对核武器的需求。于是,西拉德引入了一个新的行动者——为希特勒研究核武器的德国科学家。当得知这一情况时,将军们感觉到无法再置身事外,他们成了利益相关者。于是,最初两个毫不相干的目标(西拉德希望研究核武器、将军们希望通过常规武器赢得战争)在西拉德将德国人的竞争纳入进来之后,具有了密切的利益相关性。

西拉德成功创造出了美国人对核武器的需求。① 拉图尔用转译来指代这一过程的发生机制,转译的意思是指当两个原本具有自己行动轨迹的行动者相遇之后,他们会走向第三个方向,而且,后者是不可预期的、具有偶然性的,因此,行动者的根本原则就是让转译向着自己的利益方向发生,就如西拉德所做的那样。

当代科技创新对需求的创造,在很大程度上都是基于人们对科技的信任而产生的。中国人经常说的一句话就是"要相信科学",甚至可以说,只要某样东西与科学沾上边,那它就会获得存在的合法性,就会成为人们的行为准则。例如,某牙膏制造商一直在强调一种科学观点——"80%的细菌不在牙齿上"。由于这一观点是经过科学"验证"的,因此它是合理的。于是,大多数人便选择接受了这一科学观。然而,如果某人接受了这种科学观,也就意味着他必须要改变其生活方式,从最初的刷牙转变为在刷牙的同时也要清洁口腔和舌苔。但是,普通的牙膏和牙刷并不适合清洁口腔和舌苔,于是这一品牌的牙刷和牙膏就成了必备品。经过了这么长的一个迂回,通过对公众科学观的改造,公众的需求被创造出来了。

3. 创新带有不确定性

既然科学本身的发展也带有不确定性(参见第二章),同时创新的社会接受度也带有不确定性(转译所带来的效果),那么,科技创新过程中也必然会带有一定程度的不确定性。这主要是因为一方面科学技术本身会受到各种异质性因素的影响,因此难以沿着人们所预期的方向发展;另一方面社会技术综合体更是充满着不

---

① Bruno Latour. *Science in Action: How to Follow Scientists and Engineers Through Society*. Cambridge: Harvard University Press, 1987: 114—115.

可预期性,因此,科技创新的方向与效果也难以预期,人们必须在创新的过程中不断调整策略,提高创新成果的社会接受度。我们日常生活中经常用到的便笺贴就是一个很好的例子。

美国3M公司的研究人员西尔沃(Spencer Silver)曾经发明了一种黏合力非常弱的胶水,却难以发现其恰当的用途,因此也就得不到市场的认可。一个偶然的机会,西尔沃的一位同事在参加教会唱诗班的时候,突然意识到可以用这种胶水制成贴纸,这样既方便了人们在歌本中迅速找到相应的页码,同时在撕掉贴纸的时候还不会损坏歌本。于是,便笺贴就产生了。不过,这一产品最初并没有得到公司市场部门的认可。发明者只要采取一个迂回策略,即他先是将便笺贴样品分发给各部门的秘书,当这些秘书发现了这一产品的用处时,市场也就打开了。[①] 可以看出,便笺贴作为一种科技创新的产品,它最初只是研究者工作的副产品,甚至是一种废品,但当人们改动了社会技术系统中的某一部分后,它反而成了我们生活中的一个非常方便的助手。

因此,科学技术或者技科学发展过程中的不确定性并不一定就完全是缺点,在某些情况下,如果我们将社会和技科学视为一个整体,或者说,将之整合为社会技术系统,那么,利用这种不确定性,通过改动这一系统的其他部分,缺点有时也会变成优点。

二、科技创新的两个原则

我们有时会听到这样的观点:就知识本身或者(用哲学的术语来说)认识论层面而言,科技创新是没有禁区的,但是从科技手段

[①] Bruno Latour. *Science in Action*:*How to Follow Scientists and Engineers Through Society*. Cambridge:Harvard University Press,1987:140.

的使用层面来说,科技政策的推行是有禁区的。美国海洋生物学家蕾切尔·卡逊(Rachel Carson)在《寂静的春天》一书中向我们提出了警告,如果无限制地使用某些科技手段如 DDT 农药,而不注意环境保护,那么,原本绚丽多彩、鸟语花香的春天将会变得一片死寂。[1] 不过,从科技工作者或者科学家的角度来说,如果研究出来的某项成果不能够运用于现实,他们会安心于对科学的认识论追求吗? 在很多情况下,人们是不会这么认为的。于是,为了评估科学技术手段可能给人类社会带来的影响,科技评估这一概念开始出现。科技评估的意思是说,在科学技术运用于现实甚至某项成果开始研究之前,我们要对其可能带来的后果进行评价,如果它给人类特别是生态环境所可能带来的破坏多于收益,或者它所带来的损害是不可接受的,那么,这项技术就不应该被运用于现实。在此基础之上,预防性原则(precautionary principle)就成为科技评估的主要指导性原则。

预防性原则的基本出发点是,坚持一种无伤害原则,它的具体操作性内涵是指,"如果某一行动或政策可能会给公共领域造成严重的伤害(给公众的健康或全球化环境带来影响),那么,在关于其安全性缺乏科学上近乎确定的证据的情况下,这一行动不应该被实施"。由此而言,"无伤害的举证责任"就落到了那些行动建议者而非反对者的人手中。[2] 也就是说,如果某人或某个团体试图采取某项行动,那么,行动的主张者将会承担对这一行动进行无伤害举证的责任。鉴于人类行动给生态环境所带来的深刻影响,很多

---

[1] 蕾切尔·卡逊:《寂静的春天》,吕瑞兰等译,上海:上海译文出版社,2015 年。

[2] Nassim Nicholas Taleb. "The Precautionary Principle (with Application to the Genetic Modification of Organisms)". *Extreme Risk Initiative-NYU School of Engineering Working Paper Series*, 2014: 1.

国家和地区都认可预防性原则作为科技政策的指导性原则。例如,欧盟曾经发布一份风险预防性原则公报,对这一原则的使用范围做出了相应规定。在两种情况下,科技政策的制定应该坚持预防性原则:第一,"科学证据不足、没有科学结论或结论不确定的情形";第二,"初步的科学评估表明,人们担心有可能出现对环境以及人类和动植物产生危害的情形"。同时,该公报也规定了在使用这一原则时必须遵循的三条规则。第一,"由独立部门完成一个完善的科学评估,以确定科学上的不确定性的程度";第二,"对潜在风险和不作为的后果做出评估";第三,"在最透明的情况下,所有利益相关者参与对可能的措施进行研究"。[①] 正是这一原则决定了欧盟在转基因农作物方面的保守立场,尽管这一立场在近些年有所松动。

预防性原则的提出,一方面是由于在现实中科学技术的过度应用所带来的危害性后果,另一方面也有其哲学上的根源。尽管科学哲学最初的目标是为科学的真理性、客观性做辩护,但科学哲学近百年发展的结果表明,不管从历史、现实还是对理论与证据关系的哲学分析来看,科学确定性的达成是非常困难的。因此,当充满着不确定性的科学运用到现实时,人们必须要保持一种警惕的、谦逊的态度,预防性原则就是这种态度的直接体现。

近些年来,学术界对预防性原则的讨论也开始出现不同的声音。2016年3月4日,英国华威大学社会学系教授史蒂夫·富勒(Steve Fuller)与东英吉利大学的鲁珀特·瑞德(Rupert Read)博士在华威大学进行了一场公开辩论,辩论的主题就是针对科学技

[①] Michael Common, Sigrid Stagl:《生态经济学引论:An Introduction》,金志农等译,北京:高等教育出版社,2012年,第336页。

术我们应该采取预防性原则还是主动性原则(proactionary principle)。辩论特别涉及我们今天的所作所为是否会影响到后代的需求,瑞德认为,预防性原则的谨慎行动律令可以为后代留下更多的生存空间。而富勒则认为,从历史来看,如果我们因为担心科学技术的使用可能带来不利后果而放弃科学技术,我们就很可能丧失很多的发展机会。富勒举了汽车行业的例子,如果汽车刚出现时,我们就因为汽车可能带来交通事故等危害,就放弃发展汽车行业,那么,人类也就不会走到今天的发展形势了。由此,富勒认为我们应该对新科学技术的使用采取积极主动的态度,一方面因为科学技术带有不确定性,因此,事先所认为的某些预期危害也有可能在后来的技术发展中被规避掉,另一方面只有将科学技术投入实践,我们也才能发现并修正科学技术所带来的不利影响。

拉图尔也谈到了自己对预防性原则的看法。人们往往将弗兰肯斯坦视为科学技术的破坏性的例子,拉图尔则说:"弗兰肯斯坦博士的罪过并不在于利用高技术……发明了一个创造物,而在于他放弃了这一创造物。"拉图尔将技术比作孩子,如果孩子犯了错,大人是不会放弃孩子,而是应该更关心他。因此,"我们必须像关心我们的孩子一样关心技术",进而,预防性原则"并不是一个关于放弃的原则",它所要求的是"改变对行动的反思方式"[①]。可见,拉图尔对预防性原则同样采取了保守态度。

实际上,不管是预防性原则还是主动性原则,都不会对科学和技术放任自流,而是要对科学和技术的发展采取一种规范性的态度,只不过,这种规范性并非传统科学哲学所说的方法论的规范

[①] Bruno Latour. "Love Your Monsters: Why We Must Care for Our Technologies as We Do Our Children". *Breakthrough Journal*, 2011(2): 19, 25, 24.

性，而是在社会学和伦理学意义上的规范性，前者的目的是获取普遍的、客观的知识，而后者的目的则是约束科学和技术朝着一种有利于人类社会发展的方向前进。

第二节 科技创新中的分界问题

分界或划界问题是科学哲学中的一个核心问题，也是科技创新过程中值得重视的一个问题。从一般层面来说，分界问题的目的是从认识论上来区分科学与非科学；从科技创新的视角来看，分界问题主要是区分科技创新和非科技创新特别是伪科技创新，从而维持科技创新的独特性。近些年来，不管是从国外还是从国内的情况来看，科技创新创业都已经成为一种潮流。不过，在这种潮流中，难免会有一些丢失了科技创新之最重要内涵的伪创新。加拿大多伦多大学生物化学家、医学与病理学系主任戴尔芒狄斯（Eleftherios P. Diamandis）用"塞拉罗斯现象"（Theranos phenomenon）来指代这种伪科技创新。戴尔芒狄斯是在 2015 年发表在《临床化学与实验医学》杂志上的一篇文章中提出这一概念的，用以指代在科技创新创业过程中，某些人根本不关心科技创新，根本不具备最基本的科学基础和技术条件，却凭借强大的政治力量和资本巨头所组成的董事会，通过各种手段造势，如利用杂志和电视媒体、到大学发表公开演讲、在各类科技大会上"讲故事"，不断宣扬自己做出了划时代的、能够造福全人类的创新。他们利用这些非科技手段吸收大量资金，最终结果却是"始于谎言，死于谎言"[①]。

[①] Eleftherios P. Diamandis. "Theranos Phenomenon: Promises and Fallacies". *Clinical Chemistry & Laboratory Medicine*, 2015, 53(7).

一、学术创业之基础——科技资本

自 20 世纪 80 年代以来,伴随着硅谷的成功,社会开始鼓励大学创造一种经济实体,以便对其研究成果进行商业化,即把基础知识转化为市场中的创新产品。这种活动被称为学术创业(academic entrepreneurship)。大学的学术研究与学术创业的最大区别在于,学术创业者在创造知识与技术时,总是与工业伙伴合作、了解它们的需要并由此来调整自己的研究议程,以实现其研究成果的商业价值。"研究大学与工业之间技术转移的文献通常把一个学术创业家界定为一位大学科学家,他开始介入其研究成果的商业化,大部分是通过专利,也有建立自己的公司。"[1]与学术创业相关的经济实体通常被称为"基于科学的创业公司"(science-based entrepreneurial firms)。创立这些公司,目的就是联系学术界与企业界,探索在大学所进行的科学研究的商业价值,促进大学所发明的技术的商业化,以满足持续不断的新产品、新服务与新思想的需求。这种公司通常具有两个特征:第一,它是由大学老师、行政人员或辍学的在校大学生(最典型的例子是比尔·盖茨与乔布斯)所创立;第二,创业的基础是研究者所发明的一种核心技术或知识。这种衍生公司创业的成功依赖于四个因素,即大学的科技研究、政府的管理与政策、商业与工业、媒体。20 世纪 80 年代以来,经济学家观察到,由大学成员在高技术前沿所创立的各类企业数目大量增加,进而,通过对其专利知识运用的许可或合同书,大学已经成了经济发展与高技术工业重整的关键驱动器。一个创

---

[1] Elias G. Carayannis (ed.). *Encyclopedia of Creativity, Invention, Innovation, and Entrepreneurship*. New York: Springer, 2013: 3.

业公司发展的最好途径就是采用具有发展前景并能获得实质性市场回报的开拓性新技术。也就是说,科技创业应以科技创新为本,只有积累起一定的科技资本,才能进行科技创业。

何为科技资本?事实上就是指科技范式。库恩在《科学革命的结构》中对"范式"进行了定义,库恩认为,范式是指"某些实际科学实践的公认范例——它们包括定律、理论、应用和仪器在一起——为特定的连贯的科学研究的传统提供模型"[1]。在范式中,各种概念的、理论的、工具的和方法论的承诺,形成了一个相互支撑的牢固网络,从而把常规科学与解谜活动联系起来。这些承诺构成的网络提供了各类规则,它们告诉成熟科学的专业实践者,自然界是什么样的,他们的科学又是什么样的,如此他们就能集中钻研由这些规则和现存知识为其界定好了的科学问题。1982 年,英国研究技术创新的经济学家多西(Giovanni Dosi)将范式概念引入技术创新之中,并提出了技术范式(technological paradigms)的概念。"正如科学范式界定了探索的领域、问题与程序一样……我们把某一技术轨迹界定为基于某一技术范式所进行的解决'常规'问题的活动。"[2]技术创新的本性与方法非常类似于科学范式。技术范式能够解释技术创新的连续性与非连续性。连续性是指由一种技术范式所界定的技术进步,类似于科学范式意义上的进步。而非连续性是指一种新范式的突现,即库恩所说的革命,这种突现不是单凭市场或经济因素就能够充分解释的。技术革命起源于传统的技术范式无法解释的问题以及由此带来的科学进步问题、经

---

[1] 托马斯·库恩:《科学革命的结构》,金吾伦、胡新和译,北京:北京大学出版社,2003 年,第 9 页。

[2] Giovanni Dosi. "Technological Paradigms and Technological Trajectories". *Research Policy*, 1982(11): 152.

济问题与组织问题。因此,多西是按照认识论的定义去界定技术范式的,将之界定为一组程序、一系列与范式相关的问题以及解决这些问题所需要的科学知识。作为知识层面的技术,主要包含两部分,一方面是与某些具体问题以及工具和仪器相关的实践性知识,另一方面是科学理论、技能、方法、程序、成功或失败的经验。可见,就如库恩对科学范式的界定包含多个层次一样,技术范式内部同样是多层次的。这些技术范式就是科技创业的科技资本。

前文曾经介绍过布尔迪厄的科学场概念,本章所讨论的科技资本就是科学场域的自律性的重要保证,是区分科技场与其他场(如司法场或政治场)的最重要的指标,也是进入科技创业的入场券。科技资本是科学行动者投身科学领域所必须接受的学习和训练的结果,也是他们所可能占有的全部知识产权,正是这些科技资本使得他们能够按照科技场的法则进行科技研究。根据约瑟夫·本-戴维(J. Ben-David)的说法:"哥白尼的科学革命的目的是使科学研究成为一项区别于其他科目的知识活动,只遵循着自身的规则。在17世纪中叶,这个目的就已经达到了。"[1]例如,在科技场的规则中,最为重要的就是"数学化",对数学的把握成为进入科技场的基本入场券。"入场券"是指某种研究能力,这种能力是构成科学共同体游戏的基础,是进入科技场或进行科技创业的基本凭证,是自近代科技诞生以来主导科技发展的基本习性。如何甄别这种入场券的真伪,这就是默顿所说的同行评议的那扇大门。

可以看出,科技资本是区分科技创业与伪科技创业的关键。任何科技创新或科技创业活动,如果没有科技资本作为基础,就会

---

[1] J. Ben-David. *Scientific Growth*: *Essays On the Social Organization and Ethos of Science*. Oakland: University of California Press, 1991: 250.

失去其存在的根基。戴尔芒狄斯所说的塞拉罗斯现象就是其中一个典型的例子。

二、塞拉罗斯现象

美国塞拉罗斯公司一直是硅谷中科技创业的一个典范，其CEO是伊丽莎白·霍姆斯（Elizabeth Holmes），霍姆斯身价曾经高达45亿美元，是全球最年轻也最富有的女性创业者。白手起家的霍姆斯早已成为硅谷的一位备受崇拜与关注的人物。霍姆斯的创业经历极具传奇色彩。19岁那年，作为斯坦福大学化学工程专业二年级学生的霍姆斯辍学创办了名为"塞拉罗斯"的血检公司。目前，科学在遗传学方面的进步为人类提供了一个前所未有的机会，通过对尚无明显病状的个人进行检查，从而尽可能早地对某些疾病进行诊判，进而找到预防性的或更有效的治疗方案。正是在这种背景下，塞拉罗斯公司最大的卖点就是"声称"研发出了能够同时发现数十种疾病的便携型血液检验方法，且价格只有传统检验方法的十分之一。霍姆斯不断申明，塞拉罗斯的先进仪器只需从受测者的指尖抽取一滴血，就能完成对上百种疾病的检验。霍姆斯在公司网站上打出了如下醒目标语，"一滴血改变一切"，"一个小小的样本让你体验全部权威检验"。这是一项令人惊呼的创新，它挑战了传统的检验范式，不但能拯救千万人的生命，而且还能"改变世界"。霍姆斯凭此获得了"女版乔布斯"等多种称号，2015年甚至还成了美国总统奥巴马的创业大使。塞拉罗斯表面上像是一个成功设计的企业，它成功地发明了"颠覆性"的技术，其技术进入2013年医学与技术创新的前10名。霍姆斯因此被赋予了"生命拯救者"的美誉。

然而，正当霍姆斯乘着私人飞机辗转于世界各地，忙着与美国前总统克林顿侃侃而谈,或者在大学的演讲台上慷慨激昂时,2015年8月25日,美国食品药品监督管理局的三位调查人员突击了塞拉罗斯的总部。与此同时,美国医疗保险和医疗服务中心的两位不速之客降临该公司位于加州纽瓦克的血检室,对其设备进行检查。不久之后,塞拉罗斯90亿美元的评估资产就瞬间化为乌有。

2016年10月,美国著名的《名利场》杂志的记者尼克·比尔顿(Nick Bilton)专门撰文《血检独角兽:伊丽莎白·霍姆斯的纸牌屋是如何倒塌的》,追踪了塞拉罗斯公司的兴亡史。[1]

霍姆斯在组建自己的董事会时,首选的是一些极具影响力的政治家,这些人几乎从未涉足过医疗健康领域。这些人包括:美国前国务卿亨利·基辛格(Henry Kissinger)、乔治·舒尔茨(George Shultz)、佐治亚州前参议员兼参议院军事委员会主席萨姆·纳恩(Sam Nunn)、前任参议院共和党多数派领袖比尔·弗里斯特(Bill Frist)以及前国防部长威廉·詹姆士·佩里(William James Perry)、美国海军上将马蒂斯·詹姆斯(James Mattis)等。塞拉罗斯的总裁是桑尼·巴尔瓦尼(Sunny Balwani)。此人曾效力于微软和莲花公司,在医疗领域则毫无经验。2009年,巴尔瓦尼入职塞拉罗斯,专门负责公司的电子商务部门。然而很快他便挑起大梁,开始掌管塞拉罗斯公司最为机密的医疗技术部门。这样一家专门从事医疗检验的公司却任命巴尔瓦尼这样毫无医疗检验经历的人担任要职,实在不同寻常。

借助这种强大的政治集团的影响,霍姆斯频频登上各大杂志和各大电视台,其非同凡响的言行举止让她成了大众偶像。这位

---

[1] Nick Bilton. "Exclusive: How Elizabeth Holmes's House of Cards Came Tumbling Down". *Vanity Fair*, 2016:10.

第六章 科技创新的理论与实践审视

整天叫喊着要改变世界的女改革者，经过数百场媒体采访和重要会议的磨炼后，已经把自己的神话打磨得几近完美。从她口中，人们时常听到的是，她对乔布斯那种近乎神灵般的崇拜：苹果注重保密，塞拉罗斯公司也注重保密；除了像乔布斯那样身着高领衫外，霍姆斯还为自己的专利血检仪"爱迪生"选了一个很特别的外形，看上去很像乔布斯当年的 NeXT 电脑。塞拉罗斯公司对外声称这项"颠覆性"的创新技术具有 750 亿美元的市场规模，发展前景很好，再加上董事会成员的强大背景，投资人自然纷至沓来，塞拉罗斯公司估值一路飚至 90 亿美元。全球最大的连锁药店沃尔格林同意塞拉罗斯在其旗下的所有药店里开设血检室。霍姆斯那堂吉诃德式的雄心壮志赢得了满堂喝彩，她登上了《财富》《福布斯》等期刊的封面，成了《纽约客》和著名脱口秀主持人查理·罗斯（Charlie Rose）的专访对象。霍姆斯还成功地借用媒体证明了自己是个卓越的风险管理专家。霍姆斯最初顺利拿到了 600 万美元的投资，这是她后来总计 7 亿美元入账的良好开端。塞拉罗斯公司的其他投资方还包括 ATA 风投公司、Tako 风投公司、Continental Properties 公司、甲骨文公司的前 CEO 拉里·埃里森（Larry Ellison），等等。但即使在硅谷，这种入账也是非同寻常的，因为霍姆斯是在完全不跟投资人交代实底的情况下拿到投资的，投资人也根本不知道塞拉罗斯公司的技术原理。显然，这些投资源于霍姆斯的表演才能。

在新闻界，最初发现霍姆斯骗局的是《华尔街日报》"科学与健康"栏目的一位记者——两度获得普利策大奖的约翰·卡雷鲁（John Carreyrou）。从《纽约客》上看到对霍姆斯的报道后，卡雷鲁对塞拉罗斯公司注重保密一事感到吃惊，因为对苹果这类的科技公司来说，这样做无可厚非。但对于一家涉及医疗健康的公司来说，这样做就很不正常了，因为这是人命关天的大事。此外，让卡雷鲁感到不可思议的是，霍姆斯居然还讲不清楚其专利——"爱迪生"血检仪——的技术原理。看完这篇报道后不久，卡雷鲁就开始着手调查塞拉罗斯公司的血检手段。卡雷鲁很快就发现在塞拉罗斯的神话背后隐藏着鲜为人知的黑暗面，其血检过程、检验结果等都让人充满疑问。就在卡雷鲁调查时，身兼塞拉罗斯公司董事的著名律师大卫·博伊斯（David Boies）带领着一支老道的律师队伍连续两次"造访"《华尔街日报》，向杂志社施压，要求阻止卡雷鲁的调查。但卡雷鲁的回答是：假如你的产品是某款 App 或者社交网络，那么在它还没有成熟时你就将它投入市场，是无可厚非的，毕竟这不会出人命；可如果你的产品涉及医疗健康领域的话，那就必须追究这件事了。两次造访的结果是，《华尔街日报》于 2015 年 10 月 16 日刊出了《热门创企塞拉罗斯难以为其血检技术自圆其说》的报道。随后，卡雷鲁写了一连串文章来揭露塞拉罗斯的问题。接着，美国证券交易管理委员会开始对塞拉罗斯进行民事调查和刑事调查，美国检察官办公室也介入其中。美国医疗保险和医疗服务中心监管人员突袭了塞拉罗斯的多个血检室，发现该公司的血检结果很不准确，而且其血检手段也很不专业，有可能导致受测者体内出血，甚至可能会让那些容易产生血栓的人中风。由于塞拉罗斯违反了该机构的安全与运营标准，因而监管人员要求霍姆斯两年内不得再开设或运营医疗检验室。塞拉罗斯被美国卫生监管部门处以重罚。该公司在加利福尼亚州的血检室经营执照被撤销，并且在至少两年内不许再开业。再接着，两宗状告塞拉罗斯涉嫌欺诈的集体诉讼也被提上日程。据《华尔街日报》报道，位于旧金山的一家对冲基金向特拉华州的一家法院提起了诉讼。这家对冲基金在信中称，霍姆斯谎称塞拉罗斯公司已开发出可行的专利技术,并很可能获得监管部门的批准,诱导其参与了投资,然而,塞拉罗斯公司的技术实际上远没有达到这一步。为此,该对冲基金指控塞拉罗斯公司参与证券欺诈等一系列违法行为,诱导其持续投资,涉及金额近1亿美元。塞拉罗斯的另一主要投资者——伙伴投资管理公司(Partner Fund Management),也正式向法院提起了控告,控诉塞拉罗斯欺骗他们近10亿美元的投资。媒体也开始帮倒忙了。先是《福布斯》为曾经的封面故事表示道歉,把霍姆斯的名字从"美国最富有的女性白手起家者"这一榜单中剔除,并让她的身价还原为其真实状态——零。接着《财富》也站出来认错,曾大加赞美霍姆斯的作者声称被误导了。塞拉罗斯公司已经向美国联邦卫生监管机构承认,其专利产品——"爱迪生"验血仪只能对血样进行12种检验,并宣布过去两年爱迪生验血仪器的所有检验报告作废。霍姆斯关闭旗下所有的血液检验设施和医学实验室,并解雇约占总数40%的员工。亚当·麦凯(Adam McKay),2006年凭电影《大空头》拿下了奥斯卡奖的导演,要以霍姆斯为蓝本拍摄一部电影,片名暂定为《坏血》。

三、塞拉罗斯的科技悲剧

事情败露后,霍姆斯的手下向她提供了五花八门的反击策略,其中最可行的一条是:让塞拉罗斯公司旗下的所有科学家都站出来为其辩护。但实际上,这恰恰就是这个科技创业公司最大的短板,没有哪个科学家能为霍姆斯说上话。因为霍姆斯开创公司之初就明确指示:为保密起见,塞拉罗斯公司所有科学家和工程师们都不能交流彼此的工作,任何科学家都不得发表有关塞拉罗斯公司技术的文章,这在源头上就杜绝了业内科学家对其技术进行同行评议的可能性。正因如此,塞拉罗斯公司只能依靠"讲故事"来夸大其技术能力。更令人匪夷所思的是，塞拉罗斯公司所进行的大部分的血液检验，竟然都是用其竞争对手的设备来完成的。因此，当美国的监管人员突击检查塞拉罗斯实验室时，发现其技术人员居然不懂得如何操作其标志性产品——"爱迪生"血检仪。在塞拉罗斯公司的专利测试中，除一项测试获得食品药品监督管理局的批准外，其余的都是通过监管漏洞来兜售的。

霍姆斯在创业之初，曾找过斯坦福大学的几位教授。面对这位主修化学工程的年轻学生，教授们几乎都明确地告诉她，她的创业无疑是异想天开，因为仅凭指尖的一滴血，根本无法对大多数疾病做出准确检验。刺破手指时，也会刺破细胞，包括细胞碎片之类的杂质就会一同混入细胞间质液中，因此，不能指望从中读到准确的信息。可倔强的霍姆斯却不买账，她说服了自己在斯坦福的指导教授钱宁·罗伯逊（Channing Robertson），后者把一位已经在医疗产品领域打拼了30年之久的英国知名科学家伊恩·吉本斯（Ian Gibbons）推荐给霍姆斯，霍姆斯任命他为首席科学家。加入塞拉罗斯公司后，吉本斯就发现了该公司在技术方面存在着一大堆问题，其中令人瞠目的是：它的检验结果根本不可靠。吉本斯认识到霍姆斯的"发明"其实只停留在设想阶段，还无法成为现实。吉本斯曾警告过霍姆斯，指出这项技术还不能服务于公众，然而霍姆斯还是一意孤行，不断增开新的检验门店。当然，作为科学家的吉本斯，还是在科学许可的范围内，起早摸黑地为霍姆斯工作，进行着许多拯救尝试。然而，霍姆斯只是忙于巴结政客和乞求投资者，却完全不关注科研工作的开发，反而对科学家百般刁难与折磨。2013年5月16日，在焦躁和忧虑的压力之下，这位身患癌症的敬业的老科学家自杀了。吉本斯自杀后，来自霍姆斯的反应不是慰问，而是要求其家属立即返还公司所有的机密资料。

事实上,早在《华尔街日报》披露相关骗局之前,科学共同体已经发出了自己的质疑声。2015年5月9日,戴尔芒狄斯率先在《塞拉罗斯现象:前提与谬误》一文中从科技的角度揭露霍姆斯的骗局,随后与其同事李(Michelle Li)、意大利生物化学家普勒巴林(Mario Plebani)于2015年至2016年期间,在同一杂志即《临床化学与实验医学》上发表另外四篇文章,分别从不同的角度揭露了这一骗局。

与霍姆斯那激情四射、蛊惑人心的作秀格调相反,在充满着冷静的逻辑分析与可靠证据支持的科学论文中,科学家指出塞拉罗斯公司的技术被严重夸大甚至歪曲了,这一革命性的诊断检验技术实际上是对结果的自我检验与自我解释、过量检验、自我诊断与过度治疗。第一篇文章指出:"塞拉罗斯公司或类似的方法的优点与不足应该出现在科学文献中,或其他公众论坛上,因此,好处与坏处最好应该由公众来理解。"[1]塞拉罗斯公司的技术细节一直未对科学杂志开放,因而无法对其进行评价,也就不可能会有独立的检验来验证其质量,也无法与现有的检验技术进行对比。新的检验技术在被应用之前,必须接受准确性、精确性、独创性、长期性与广泛的应用性的检验。真实性与准确性必须被验证几个月或数年,必须由外部的质量监控机构来执行,以便对病人的检验数据进行长期追踪比较。没有独立的验证,塞拉罗斯公司技术的质量与适用范围就会受到质疑。同样,2016年3月28日,在《临床研究杂志》的一篇论文中,另一位科学家杜德莱(Dudley)教授首次公开了塞拉罗斯血液检验的临床数据,他对60位患者进行采血检

---

[1] Eleftherios P. Diamandis. "Theranos Phenomenon: Promises and Fallacies". *Clinical Chemistry & Laboratory Medicine*, 2015, 53(7): 992.

查,血样被送至 2 个大型医学实验公司,并与塞拉罗斯公司的检验结果进行对比,由此,他发现在塞拉罗斯公司的血液测试结果中,胆固醇指标的平均值比其他两家公司的低 9%,而且塞拉罗斯公司的血检报告显示,60% 患者的胆固醇指标超出了正常范围。杜德莱教授忧心忡忡,不准确的结果将会导致临床医生错误的判断。

塞拉罗斯公司声称在中心检验室的检验时间通常为 3 天左右,而其检验室能更快(如 4 小时内)完成。戴尔芒狄斯教授认为这种说法是在误导公众。事实上,在中心实验室的大部分检验通常在 1 到 2 小时(从样本收集到医生看报告之间)完成。如在戴尔芒狄斯的实验室中,来自所有病房的要求是,90% 以上的肌酸酐与肌钙蛋白的检验要在 1 小时内完成,其他检验中的 97% 以上要在 2 小时内完成。当塞拉罗斯公司声称其检验费用是中心实验室的 10% 时,戴尔芒狄斯指出这也是一个骗局。中心检验室的试剂或消耗品费用比塞拉罗斯的更低。如常见的顺序检验的试剂费用就不到 1%,中心检验室大部分开支用于相关的管理与人头费用,而不是技术本身。同时,他也对"数十种疾病的便携血液检验方法"提出质疑,它只会导致过度检验、过度诊断与过度治疗。例如,同时对 30 种疾病的检验的价格是 30 美元,每一种为 1 美元。但如果其他 29 种检验与自己的疾病无关,就没必要进行相关的检验。事实上,这种多疾病的检验分析流行于 20 世纪 70 年代,旨在从无病状的个体身上发现某些疾病(如癌症)的早期症状。然而,这种方法在 20 世纪 80 年代就已经被放弃,因为人们已经发现这种多疾病检验的误差率大约在 5% 左右,并且这种额外的检验经常会在正常人身上检查出相反的结果,会增加病人的焦虑。此外,错误的检验结果也会导致病人频繁出入医院,浪费大量的人力与物力。更为重要的是,随着高质量的基因检测技术的出现,基因的变化将被识别，只不过其临床意义尚不明确。因为基因变化不能够准确预言疾病的发展趋势，大部分疾病同样受环境因素的影响，而错误的阳性报告会导致过度的不必要的临床介入，只会伤害病人。20世纪80年代后，"个别疾病的检验"代替了"多疾病的检验"，这是目前世界各地医院的普遍做法。在2015年美国亚特兰大召开的临床化学年会上，针对塞拉罗斯现象，戴尔芒狄斯等人发表了题为"转录组学：过度检验、过度诊断与过度治疗"的报告。在会上，戴尔芒狄斯向与会的200多名熟悉实验室检验的临床化学家、病理学家与检验师发问：如果让你们选择进行积极的预防性检验的话，你们会愿意吗？90%以上的人回答道，他们不会让自己去进行这样的检验，除非有明确的症状。

因此，人们对霍姆斯的质疑是有道理的。"霍姆斯女士在《华尔街日报》上发表了文章，散布着通过自我检验的实验室检验去诊断、预防与治疗人类疾病的错误信息。这些工作不仅无法诊断出早期的无症状的疾病，还可能使大量焦虑的消费者不断光顾其家庭医生与医院，进而进行额外的、昂贵的并且可能是有害的预防性治疗。我们预言在未来的几年内，这类检验将几乎不可能产生出令人愉快的故事，所产出的仅仅是大量的悲剧性故事。不幸的是，公众媒体的偏见性报道只会制造更多的好故事而不是坏故事，可能会误导公众在这一主题上的看法。我们认为必须至少执行某些由独立科学共同体进行的检验性工作，从而以更加理性的方式去展现这类实践在利益或风险方面的实际真相。"①

---

① Michelle Li, Eleftherios P. Diamandis. "Theranos Phenomenon-Part 2". *Clinical Chemistry & Laboratory Medicine*, 2015, 53(12): 1912.

四、科技创新要以科技为本

霍姆斯错误地理解了科技创业的游戏规则，这是导致其公司悲剧的根本原因。在整个创业过程中，该公司缺乏最为基础的科技资本。然而，尽管如此，霍姆斯却演绎着一个几经点缀的神话般的故事。在这个故事中，她的公司在表面上被赋予了极富人性化的使命，但其真正的使命是：运用强大的政治力量，调动各大媒体的力量，特别是吸引了在旁等候已久的科技媒体的注意力，投机取巧，进而使其创业过程本身被贴上了科技创新的标签。正是靠着这样的"发明"来为自己增加浏览量，将自己打扮成成功人士的偶像，从而说服投资人，最后网住了消费者。霍姆斯认为，只要成功讨得大众的欢心，那就离上升到神明般的地位不远了，于是政客、影视达人、企业家就开始去狂热地追捧其生命中的各种闪光点，并将其无限放大。大众对于其偶像的判断变得毫无理性可言。风险投资者们既不知道自己在投资什么，也不知道这背后到底有多少科技含量，更不知道能不能收回本钱，但仅凭科技创业的大名就可能足以使得大多数外行人服膺。人们都来给这个公司撒点钱，指望将来能中个头彩。而霍姆斯则在玩弄一堆毫无意义的骗人把戏，声称开发了一种价格便宜、能够同时发现数十种疾病的便携式血液检验方法，然后就开始标榜这款"发明"改变了世界，并假装自己的目的不在于赚钱，以此来招揽投资人。塞拉罗斯公司最终失败了。对于那些预期其成功的投资者来说，这是个悲剧，意味着大部分投资都打了水漂，公共资源也被大量浪费了。对于年轻的科技创业者来说，应该从这个结局中吸取教训："买进"足够的入场券——科技资本，否则你就只能玩火，最后会落得身败名裂、人财两空。

塞拉罗斯现象还带来了对科技创业中的同行评议的重新思考。学术意义上的科技研究是通过其成果表现出来的，这些成果包括在杂志上发表的文章、专著、学位论文与会议上的发言，还有专利、设备、设计与技能等。所有这些成果现在都可称为"知识产权"。在被认可或运用之前，科技共同体会要求这些成果通过一种匿名的同行评议的程序。同行评议的主要标准是研究结果是否包含着原创性的结果或思想，但整个评议过程通常会非常冗长。在科技创业中，创业成功与否的关键主要依赖于科技创新结果的有用性或高效性，对这种创新成果的评议通常是由知识的生产者与知识的消费者来共同做出的。因此，在科技创业中，同行评议更关注具体的实践，可靠的知识通常是与其应用的有效性与广泛性，而不是"学术上的杰出"联系在一起的。知识不仅是在实验室中将实验"理想化"并进行重复性检验，而且还要考虑各种应用的情境因素。同时，由于创业公司处于优胜劣汰的反复无常的世界中，大部分公司通常只会有3—4年的生存时间，这就导致了源于美国硅谷的创业中的保密模式，以保护其宝贵的知识产权，使得本该有的同行评议形同虚设。加上某些法律或监管上的漏洞，霍姆斯就把这种保密模式推向极端，利用未得到公开发表或未经过同行评议的研究在病人身上进行检验，这在科技创业中是一种非常严重的过失甚至是犯罪行为。在科技创业的先锋——美国硅谷，的确出过几个颇受大众崇拜的、相当了不起的偶像级公司，但如今硅谷也变成了骗局横生的地方。塞拉罗斯现象就是硅谷的资本与谎言的泡沫范本。守好同行评议这道大门，是遏制这类骗局泛滥的最根本的途径。特别是在生物医学类的科技创业中，由于其面向的对象并不是某个能加快冷冻酸奶递送的 App 之类的东西，而是人，前者充其量是图财，后者则有可能害命。这种做法本身就违反了医学伦理的知情同意原则。要想避免这种人命关天的悲剧重演，科技创业中的同行评议是绕不过的第一道门槛。

扩展阅读

蕾切尔·卡逊:《寂静的春天》,吕瑞兰等译,上海:上海译文出版社,2015年。

乌尔里希·贝克:《风险社会》,何博闻译,南京:译林出版社,2004年。

Alfred Nordmann, Hans Radder, Gregor Schiemann（eds.）. *Science Transformed？: Debating Claims of an Epochal Break*. Pittsburgh: University of Pittsburgh Press, 2011.

思考题

1. 如何理解科技创新是一项社会技术系统的综合创新？
2. 科技创新与其他领域的创新之间的差别体现在哪些方面？

第七章 赛博与后人类主义

赛博成为当代科学发展的重要特征,因而也就成为哲学家们建构新的哲学体系的基础。赛博的最核心特征在于,它打破了以往的本质主义、基础主义,并最终规避了先验主义的思维方式,主张一切都是在实践中生成的,因而,不同范畴之间的边界,哪怕是对传统而言最牢不可破的边界如客体与主体之间的界线,都在新兴高科技的作用下被打破了。于是,一种新的反本质主义、反基础主义并根本上是经验主义的哲学便在此基础上建立起来。

第一节 赛博与赛博空间

一、赛博

赛博(cyborg)是控制装置(cybernetic device)与有机体(organism)的缩写形式。1960年9月,美国航天医学空军学校的学者曼弗雷德·克林斯(M. E. Clynes)和内森·克兰(N. S.

Kline）发表了一篇名为《赛博与空间》的文章，该文首次提出了赛博这一概念。当然，在该文中，作者提出赛博的目的在于理解人类在未来的太空飞行中所可能面临的诸如呼吸、失重、睡眠、辐射以及新陈代谢之类的问题。因为在太空中，人类的某些生理机能会受到某种程度的减弱，因此，他们指出可以向人类身体移植一些辅助性的神经控制装置，以便增强人类在外太空的生存适应能力。他们如此阐述赛博的必要性，"为了协调身体自身的稳态控制，这种自我—调节必须在意识影响之外发挥作用。我们提出'赛博'一词，就是为了指代这种外在延伸的、组织化的、复杂的，同时又作为一种具有整合性的和稳定性的无意识运作"[1]。从根本而言，赛博从控制论出发，将人体视为一种具有自我调节系统的有机体，同时，人类的这种自我调节系统又能够与外在的辅助装置之间相互整合从而发挥一种有机体的自稳态功能。其中，作为有机体之扩展的机械部分，也构成了一种信息系统，并通过信息的反馈循环，从而成为有机体信息系统的一部分。在此意义上，有机体与机器两者共同构成了一种控制论有机体。

就历史角度而言，赛博起源于控制论。在控制论的发展初期，格雷·沃尔特（Grey Walter）于1948年发明了一台小型机器人，并将其命名为乌龟。乌龟可以来回行走，并具有趋光避碍的能力，其独特之处在于无须事先的集中制图或计算，而是借助于光线来扫描周围环境，这样它就可以直接对行进途中所遇到的事物做出即时反应。皮克林将"乌龟"机器人视为克服二元论哲学的一项技术成就，因为它居住于其周围环境之中，能够与环境进行互动，在此意义上，它与环境之间并非是一种二元隔离的状态。皮克林认

---

[1] M. Clynes, N. Kline. "Cyborgs and Space". *Astronautics*, 1960(9): 45.

第七章 赛博与后人类主义

为沃尔特的成果是一种非现代类型的机器人学的典型例证。[①] 同样在1948年,控制论先驱罗斯·艾什比(Ross Ashby)制造了一台同态调节器,同态调节器的内部电流一旦超过阈值,其电路系统就会发生改变。此外,同态调节器也能够根据所处电子环境的差异不断调整自身状态,从而达到某种均衡。作为控制论之父,N.维纳的自动雷达(predictor)则是赛博形象的另外一种典型代表。自动雷达是二战期间维纳所制造的,它能够追踪飞行中的飞机并预测其位置。凭借雷达设备的追踪和预测功能,再加上信息处理器和伺服电动机系统,维纳的目的是制造一种设备以提高防空火力。维纳自认为他的自动雷达才是控制论的真正起源。控制论发展初期的上述三位学者所制造的控制论系统或仪器设备,不仅具有机械设备运作精确、寿命长久的特点,同时还具备感觉、思维等人类独有的特质。

从西方启蒙时代开始,二元论就强调,理性是人类所独有的能力,它成为区分人与动物以及世界上其他事物的关键,在此意义上,人类是高于动物和其他事物的。从赛博的角度来看,人类的大脑不仅是一种思维的机器,而且还是一种行动的机器,即人类大脑既能够获取信息也能够对信息进行处理。这意味着人类大脑不仅是认知性的同时也是操作性的,它能够参与身体行为以及世界上正在发生的事情。因此我们可以说大脑可操作性的观点直接颠覆了笛卡儿式的二元论:如果认知性将人与动物及世界上其他事物区别开来,那么可操作性则使人与动物及世界上其他事物关联起来。

[①] Andrew Pickering. *The Cybernetic Brain*. Chicago:University of Chicago Press,2011:43.

阿什比建造的同态调节器为这一论断提供了另一佐证——同态调节器为了与它所处的环境达到动态平衡可以随意地重新配置自身。皮克林在其论述中多次提到"自动雷达"这一战时装置,自动雷达能够自动追踪、预测和定位飞机,并朝它开火,这个过程结束后又重新回到静止的状态。自动雷达是一种彻底的现实装置,它深植于真实的时间并在其中预测飞行的轨道。自动雷达推断飞机的飞行曲线,对时间序列进行解读,它像人一样利用、推断并且处理信息。[①] 皮克林认为由于这些材料(material)极具独特的威力,似乎表明科学和军事技术正在呈现出社会转向的趋势。"要建立一个尚待完善的后人类或赛博的社会理论来描述人类力量(科学家、战斗机机组人员等)与非人类力量(雷达等)之间的交互作用,上述理论视角是必不可少的。"[②]无论是同态解调器还是自动雷达,这种与环境的调适进一步颠覆了笛卡儿的二元论,呈现出一种大脑与世界在结构上同行的观点。

二、赛博空间

科学技术的飞速发展,改变了我们的生活,也改变了我们的社会文化,造就了我们的时代,也塑造了我们的未来。信息以及网络技术的迅速发展,表明科学技术正在向当今的社会文化全面渗透,进而也就推动着社会文化的内涵的不断演化。一种新型的社会生

[①] Andrew Pickering. "A Gallery of Monsters: Cybernetics and Self-Organization, 1940—1970". In: S. Franchi, G. Güzeldere (eds.), *Mechanical Bodies, Computational Minds: Artificial Intelligence from Automata to Cyborgs*. Cambridge: The MIT Press, 2005: 229—245.

[②] Andrew Pickering. "Cyborg History and the World War II Regime". *Social Studies for Science*, 2005(6): 48.

活空间——赛博空间(cyberspace)——应运而生。"赛博空间"一词,源于加拿大科幻小说家威廉·吉布森(William Gibson)。他在 20 世纪 80 年代的作品中首次使用了该词。他的科幻小说所描绘的是计算机网络把全球的人、机器、信息源都联结起来的新时代,这种新时代昭示了一种社会生活和社会交往的新型空间。同时,自 20 世纪 90 年代以来,随着计算机网络和信息技术取得的飞速发展,以 cyber 为前缀的一系列新兴词汇迅速蔓延开来,人们发表了《赛博空间独立宣言》(1996),并每两年召开一次"国际赛博空间会议",大量以赛博空间为对象的研究机构也相继建立。

赛博在工具理性高度发达的今天激发了人们在哲学层面对它的思考,也引发了人们对于赛博空间的空前关注。当前,学术界对赛博空间的理论态度大多集中在两个方面:首先,在于对超级计算机、纳米技术和基因技术的技术狂欢;其次,对于赛博空间的哲学思考使我们进入后人类,关于赛博空间之解放潜力的历史主义——社会批判的"结构主义",它通过模糊笛卡儿式"我思"及其身份的界限,并通过模糊思想的垄断以及对生物性身体的依附,允许我们跨越笛卡儿式的男性主体身份而进入分布式赛博的"后人类"的主体性形式,从生物性身体转向不断变化着的替身。[①]

不同学者基于不同的出发点,对赛博空间进行了不同的解释。迈克尔·贝内迪克特(Michael Benedikt)认为,赛博空间是一种基于计算机技术和互联网所产生的与物质宇宙并行的新型空间,在这样一个空间内,任何一台接入计算机网络的电脑都可以达到一个无限的世界,这个世界是一个无所不在却又无处可在的世界,它是一个所有事物都在随时发生变化的世界,并且是一个公众情

---

① Slavoj Zizek. *On Belief*. London & New York: Routledge, 2001: 33—47.

感与环境交错的世界。贝克迪克特形象地将赛博空间比作一个同时拥有数据与谎言、心智与记忆以及千万种声音与千万双眼睛的场所,他更将其形容成一场可以随时询问、发生交易、肆意追逐共同梦想的无形的"音乐会"。也就是说,只要有电子技术与人类思维交汇的地方,就能形成赛博空间的通道,只要有数据的聚集和信息的存储,就能产生赛博空间。同时,构成赛博空间的每一幅图像、每一个文字和数字、每一段数据都会增加赛博空间的内容和深度。因此,赛博空间使人类组织变成了一种有机体,在这里,信息、物质、金钱自由流动并且汇集在一起,人们通过电子界面进入了一种虚拟的空间。在赛博空间中,人们还可以发现不仅与个人同时与他人相关的任何信息。这里是纯粹的信息王国,也是对物质世界的抽象化。[1] 与此同时,迈克尔·海姆(Michael Heim)则认为赛博空间意味着一种由计算机技术生成的维度,在赛博空间里人们自由掌握信息并且围绕数据信息寻找出路。他将赛博空间进一步理解为一种再现的或人造的世界,一个由人类系统产生的信息和人类反馈到系统中的信息所构成的世界。[2]

进一步说,伴随着计算机网络和信息技术的高度发达,网络通信已经日益成为人们交往的主要手段,而赛博空间正是一个此前任何技术都无法达到的媒介,进入赛博空间就意味着进入一个有别于物质世界的空间。因此,霍华德·莱恩格尔德(Howard Rheingold)将赛博空间定义为人们通过使用计算机媒介通信(CMC)技术,使得人际关系、数据信息、文字、财富甚至是权利等

---

[1] Michael Benedikt. *Cyberspace: First Steps*. Cambridge: The MIT Press, 1991: 105.

[2] 迈克尔·海姆:《从界面到网络空间:虚拟实在的形而上学》,上海:上海科技教育出版社,2000年,第57页。

第七章 赛博与后人类主义

因素都能在其中加以体现的的概念性空间。莱恩格尔德是对网络文化最敏感的预言家之一,他非凡的洞察力已经经过数十年实践的检验。早在20世纪80年代中期,他就已经觉察到计算机将改变我们的思维方式,于是他完成了《思想的工具》这一著作。20世纪90年代初期互联网爆发之前,莱恩格尔德意识到网络社区将大大改变社会群体之间的沟通交流,因此,在互联网进入大众生活之前他就完成《虚拟社区》的创作,发明了"虚拟社区"这个全新的词汇。在莱恩格尔德对赛博空间所下的定义中,我们不难发现,他实际上是将赛博空间看作一种具有幻想性的、作为信息存储器的空间,也是一种能够扩展到网际互动的虚拟社区。詹姆斯·格雷克(James Gleick)认为:"网络既非事物,也非实体或组织。没有人能够拥有它,也没有人能控制它。它仅仅是将所有人连接在一起的计算机群。换言之,赛博空间不仅仅由人和他们的人造物(计算机、调制解调器、电话线等)等组成,而且还具有两个主要的非物质成分:个体之间的关系及其脑海中的赛博文化内容——对赛博空间的感知。因此,总体而言,赛博空间包含了三种成分:物质、关系和认知,这些成分不仅构成了赛博空间自身,同时也构成了一种新的文化。"[①]此外,约翰·佩里·巴洛(John Perry Barrow)在描述赛博空间时认为,人们应该相信计算机技术的应用已经使得赛博空间成为现实,他进一步指出,电子通信不仅仅是指通信的科学技术,它同时已经衍生出一个新的空间,亦即赛博空间,赛博空间是一个完全不同于以往的新兴世界和新的边疆领域,在这里出现了一种新的隐喻以及一套全新的行为规则。斯通(A. R. Stone)则把

[①] James Gleick. *The Information: A History, a Theory, a Flood*. New York: Pantheon Books, 2011: 213.

赛博空间视作一种社会空间，他认为，电子网络已经成为一种新的人际互动模式，电子网络形成的赛博空间与人们所熟知的诸如集会、通信或者罗斯福式的壁炉谈话等相似，因此它是社会空间的一种新型的表现形式。

赛博空间的特征，总结而言可以分为下述四个方面。首先，在赛博空间中，人们的意识和知觉能够摆脱物质身体的束缚，从而独立存在和活动；其次，人们在赛博空间内可以突破物理世界的局限而达到穿越时空的效果；第三，赛博空间是由信息组成的，因此，具备操控信息能力的人在赛博空间内拥有巨大的权力；最后，人机耦合的电子人在赛博空间中获得永生。赛博空间的上述特征决定了当今和未来的世界，这意味着人类已经开始处于"后人类境况"之中。自启蒙运动以来，传统西方哲学相信科学所代表的理性以及以人为主体地位的人类中心主义，正在遭遇挑战。因此，赛博空间成了一种后人类意义上的描述，它将人类与机器、有机物与无机物结合起来，成了一个杂合体。事实上，人类几百年来一直在从事着类似的工作，他们不断通过各种机械辅助手段来代替身体上残缺的器官，如假牙、义肢等，由此而言，人类开始从创造机器转变为寄生于机器之中。

哲学家唐娜·哈拉维从当代科技的快速发展中找到了赛博广泛存在的例证，并对此展开了哲学的分析。哈拉维的考察对象主要是转基因生物。例如，转基因番茄是在植入天蚕丝蛾的部分基因之后，才具有很强的防腐保鲜效果，因此，转基因番茄并非传统意义上的番茄，因为其体内开始有了动物的成分，甚至可以说植物和动物的范畴边界发生了变化。此外，植有天蚕丝蛾基因的土豆、萤火虫基因的烟草，所有这些都在预示着传统分类标准的失败，也就是说，不同的世界之间并非存在着先天的、不可逾越的界线，科学可以为我们创造多种联结的可能性。这进一步预示着,在对动植物以及有机体的哲学分析中,本质性的、本体性的分离,将不再是我们的出发点。完全可以说,哈拉维对赛博的分析打破了人与动物、人与机器、物理与非物理的界线,并且颠覆了传统科学和政治表述中有机体与机器之间的分割。在此意义上,自然与人造、心灵与身体、有机体与机器、男性与女性等西方传统思维中的多种二元结构都被打破。

与哈拉维类似,皮克林也关注到了赛博所带来的这种边界消解效应。皮克林指出,赛博科学的发展意味着人类开始进入自身与机器强化耦合的新阶段。在混合演化的过程中,自然、机器、人类世界以及人类的思想一次又一次地在新的关联中演变。因此,就本体论而言,赛博标志着一种新的人与物的混合本体论的诞生。这是一种祛人类中心化、瞬时化的本体论,它为我们呈现出一种与过去的世界全然不同的新世界。就如同二战后军事和工业的复合体一样,它所呈现出来的同样是一种突现的聚合体。因此,如果我们从实践哲学所强调的存在或生成的角度来看待赛博时,就会发现,我们所处的世界不再只有纯粹的机器或纯粹的人类,而是赛博性的存在或生成的集合体。在这个集合体中,人与物相互缠绕、共同进化,科学由此也成为一个人与物、社会与自然共同进化的过程。赛博科学观也就因此成为一种具有强烈历史特征的科学观。正是看到了赛博与其基本立场之间的一致性,皮克林才非常重视对控制论的研究。在这种研究中,皮克林在其冲撞科学观之外,发展出了一种以控制论为基础的新的赛博科学观。

第二节　后人类及其哲学审视

一、后人类

后人类，是指20世纪60年代以来，科学家以大脑科学、生物信息技术、克隆技术、转基因技术、人工超智能、纳米技术、太空技术等新技术手段为基础，逐步改造人类自身的遗传性和精神世界，从而诞生的一种新人类。后人类不再是纯粹的自然人或生物人，而是经过高技术加工或电子化、信息化作用形成的一种"人工人"。一句话，人也成了一种赛博，人类也生活在当下高科技的赛博空间中。从更深层的意义上来说，后人类则意味着人类的强化，这种强化不仅指的是利用科学技术手段弥补人体机能的不足，同时还意味着人类智力水平的提升。

在理解后人类的不同版本中，争论的焦点不是人在物种、阶级、属性、种族等方面的差异，而是着重讨论人与非人类、人与物之间的能动性互动、转译或冲撞以及这种冲撞所带来的人与物、社会与自然之间的共同生成、共同存在与共同演化的历史进程。后人类主义希望瓦解那种先天优越、骄傲自满并且固执任性的人类中心主义的思维模式，超越主流哲学的本体论和认识论，以阻止"二战"期间人类中心主义所导致的灾难状况的再次发生。后人类主义因此形成其特定的反思风格，赋予自然或物质技术以能动性，以此为基础来反思人和人类本质的固有概念，并进一步思考人类的主体性、身体、能动性和认知，即所有这些是如何被生物技术、通信技术和网络等所改变，如何被不断变化着的语言产生的技术条件所改变，如何被新兴媒体所改变，如何被人工智能科学和计算机科学所改变,如何被当前相关的科学和哲学研究中的概念所改变,如社会技术系统、机械装配等。同时,这些领域反过来又为后人类主义提供了去人类中心化的素材,促使其以反思的精神去研究人以及人类的本质。

很多学者认为有机体和机器的耦合是一个值得肯定的进步。不过,也有学者却明确表示担心其负面后果,尤其表达了技术介入人类身体后可能造成的不可逆转的破坏甚至灾难。2002年,弗朗西斯·福山(Francis Fukuyama)出版了《我们的后人类未来——基因工程的人性浩劫》一书。正如标题所表明的那样,福山表达了长期以来存在的忧虑——对生物技术改造和重组人的身体而产生的担忧。在福山看来,生物技术对于人类身体的应用将使得人的本质发生根本性变化,并且会导致社会和政治的不稳定,这种影响将会贯穿当下以及未来的时代。从表面上看,福山所担心的是生物技术和神经技术对人类身份产生的影响,然而从更为深层次的理解来看,这种担心和顾虑也隐藏着对人类主体的纯洁性的关切,维持人类在本体上的纯洁性是人类主义最为核心的观念,重蹈这种观念体系是对人类中心主义倾向的推崇。这种对后人类保持警惕的态度,实质上是把科技视为威胁人类本体身份的力量,但忽视了主体是一个不能脱离历史与社会语境的概念,会随着语境条件的变化而不断变化。

传统的人类中心主义认为人是一切价值判断的标尺,自然以人类为中心。在吉布森的世界里,占有垄断技术的大公司、统治网络的超级计算机成为世界的主宰,人类在未来数字化世界里沦为信息海洋的一个符号。当代高科技对身体和精神的传统属性的挑战到了匪夷所思的地步,传统意义上的"人"被技术解构了。

二、离身性与具身性

后人类主义已经成为西方科学文化研究中一个集中讨论的领域，尤其是在高科技手段日益发展的当今社会，人类对于技术越发依赖，而技术对人类本身的解构等导致了日益严重的技术异化。这种技术依赖性所导致的结果是双重性的，一方面有的人对这样一个世界充满着美好的憧憬，另一方面其他的人却有可能认为技术对人类影响的加深意味着无边的恐惧。著名后现代主义批判学者伊哈布·哈桑（Ihab Hassan）明确指出："我们最初所理解的人类形式——包括人类的欲望以及所有欲望的外显形式——可能正在经历着根本的改变，因此，我们应该重新审视人类。同时，我们应该认识到，伴随着人类主义正在转变为我们无能为力却不得不接受的后人类主义，已经有着五百年历史的人类主义思潮正在走向终结。"[1]N.凯瑟琳·海尔斯对于这一历史发展趋势深信不疑，"作为一种特定历史建构的人类，正在让位于另外一种历史建构的产物，这种产物被称作后人类"[2]。随着技术对人的不断介入，争论也开始出现，其中最为核心的争论便是关于技术能否取代人类这一问题。对这一问题的肯定回答导致了离身性的后人类主义，而否定回答则将我们引向了具身性的后人类主义。

---

[1] Hassan Ihab. "Prometheus as Performer: Toward a Postmodern Culture?". In: Michel Benamou, Charles Caramello(eds.), *Performance in Postmodern Culture*. Madison: Coda Press, 1977: 56.

[2] N. Katherine Hayles. *How We Became Posthuman: Virtual Bodies in Cybernetics, Literature, and Informatics*. Chicago: University of Chicago Press, 1999: 22.

1. 离身性的后人类主义

离身性可以追溯到从柏拉图到笛卡儿的西方哲学，它强调身与心的分化和对立。自20世纪70年代兴起的后结构主义，则把知识生产与身体建构的过程符号化，主张身体的一切都是由社会或语言建构出来并加于身体的范畴，都是社会或语言对身体的异化的结果，就如阶级、性别、种族等都是意识形态的产物一样。福柯的全景敞视建筑[1]就表明了离身性的产生过程。全景敞视建筑将执行纪律者身体的权力抽象成为一种普遍的、离身的规则。当执行纪律者的身体消失于技术之中的时候，他们肉体的具身性也就被隐藏起来了。尽管被惩罚者的身体并没有在福柯的解释中消失，然而他们肉体物质性的特点也将在技术中逐渐消失，并成为由技术和实践监管的统一模式下的具有普遍性的身体。这种身体建构过程往往是通过话语信息和物质实践而产生的，但这些话语信息和物质实践消除了具身性一直承担的情境功能。总之，当全景敞视建筑仅仅被抽象为一种普遍机制时，具身的力量就被技术逐渐解构了，福柯由此重构了离身性的全景敞视建筑式的活动。因此，如果我们要超越福柯的工作的话，就需要重新理解在铭写、技术和意识形态的聚集过程中具身性是如何运作的。离身性思想将身体完全摒弃，在哲学的发展进程中一度形成一种抛弃身体维度的"狂欢"。

人类利用高科技手段对身体进行改造和机能上的提升，特别是在计算机网络、生物基因改良、克隆等现代化手段的帮助下所形成的赛博空间里，人类试图摆脱肉体的束缚而达到永生的目的。这使得后人类主义遭受不同程度的质疑，其中超人类主义最受诟病。

---

[1] 米歇尔·福柯：《规训与惩罚》，刘北成、杨远婴译，北京：三联书店，1999年，第224页。

在过去的几十年间，一些重要的计算机科学家、神经科学家、纳米技术专家以及一些处于技术发展最前沿的研究者开始形成一种有关人类未来的新的研究范式。这种新的研究范式甚至引发了一种新的运动，这一运动的目的在于将人类从"生物学上的局限"中解放出来。[①] 其中，超人类主义（transhumanism）最具有代表性。在超人类主义者看来，对计算机辅助在内的各种人工智能的运用，将有助于未来人类在智能、记忆、运算速度等方面极大地超越现代人类。同时，人类可以利用高科技手段对身体机能甚至性格、情感等精神侧边进行无限的拓展。比如，在2002年3月，英国雷丁大学控制论教授凯文·沃里克（Kevin Warwick）在外科医生的帮助下向他的神经系统成功移植入一枚电脑芯片和一百个电极，这种电脑芯片起到检测神经动作的作用。这项技术让沃里克教授能够通过互联网，并利用自己的意识来控制电动轮椅的运作，同时还可以远程操作放在实验室中的一只假手。更为惊奇的是，通过挥动手臂，沃里克能够像乐队指挥一样远程控制玩具车。除此之外，沃里克利用传感器将信号发送到大脑之中，这样他即使看不见也能够感觉到物体的存在。可以说，沃里克是世界上第一个"电子人"，他成了一名一部分是人类肉体、一部分是电脑芯片的电子人。沃里克对于自己身体与技术进行结合的实验为超人类主义者打了一剂强心针，然而他试图打破身体上的物理限制的尝试却备受争议。总的来说，人们对于超人类主义的质疑主要集中在以下几点。

首先，超人类主义的背后隐藏着唯科学主义，它存在着科技万能论的理论困境。作为唯科学主义的一种极端表现形式，超人类

[①] Francis Fukuyama. "Transhumanism". *Foreign Policy*, 2004(144): 42—43.

主义思潮把对人类对未来的全部期望寄托在科学技术的无穷能力之上,超人类主义主张用遗传工程、计算机技术等"硬科学"手段全面改良人类,以达到人类智慧和生命机能的无限提升。然而从西方文明史的角度来看,这种设想注定是无法实现的,人类依靠科技否定万能的上帝的存在,却又企图让自己扮演起万能上帝的角色,企图依靠科技来实现自己的奢望,最终将会陷入困境。因此,在超人类主义思想的背后,实质上隐藏了尼采所揭示的一种赤裸裸的"权力意志",由于缺乏对理性的制衡作用,超人类主义带有强烈的人类中心主义和乌托邦色彩,这将导致不断的叛逆与超越,终究成为一厢情愿的悲剧。当代法国哲学家多米尼克·布格(Dominique Bourg)就曾指出,自20世纪下半叶以来,技术只容许我们在本地的空间和时间范围内把握各种现象。这种所谓的把握,实际上往往在或短或长的时间里引起某些出乎意料或者也许是不可预测的灾难性后果。因此,我们现在不可能认识到人类把握自身发展的全部后果。其次,超人类主义带有一种强烈的机械还原论色彩。在超人类主义看来,人类身体可以被还原为有机体的机械结构,所有的生理行为、思想意识、情绪变化都可以被科学技术全面控制。再次,超人类主义忽视了人类生理结构的作用。人类作为在地球上生存的一个物种,具有这一物种本身的物质特性及其结构特征所带来的局限性,他们同时受到所处环境的局限。这些局限性决定了人类认识上的局限性,这些局限性是难以从根本上克服的。[①] 因此,对于超人类主义的质疑的根源在于其幻想利用技术来完成自己抛弃肉体之身以及作为超人类永生的欲望,

---

[①] 刘魁:"超人、原罪与后人类主义的理论困境",《南京林业大学学报》(人文社会科学版),2008年第2期,第42—43页。

因此,身体成为理解超人类主义和后人类主义的关键维度。

2. 具身性的后人类主义

在电子技术和基因工程迅速发展的现代社会里,强调离身性的后人类主义观点逐渐占据了上风,这一类后人类主义叙述强调身体是生命次要的附加物,生命最重要的载体不是身体本身而是抽象的信息或者信息模式(information pattern)。这种用虚拟性来取代物质性的途径不仅忽视了人类身体在社会交往模式中起到的基础作用,同时由于技术异化导致的身体的丧失将会把人的主体性、物质性、社会性和实践性带向前所未有的困境。海尔斯对于这种离身性的超人类主义表示担忧,相反,海尔斯主张将身体作为人类存在的基础,基于此,她提出了另外一种后人类主义,"这种后人类观点认识到并且承认将有限性视为人类存在的条件之一,并且认为人类生命根植于复杂的物质世界,一个我们得以持续生存的物质世界"[①]。由此可以看出,离身性后人类所面临的困境,只有通过重新引回具身性才能加以解决。

有关具身性的讨论,可追溯到 20 世纪初西方哲学中出现的语言学转向,人们从心理学和哲学中借用 embodiment 一词,目的就是为了强调"身体"在"塑形精神"时所起的决定性作用,进而突显身体活动在认知中的基础作用。海尔斯对于具身性也做出了自己的解释,她认为无论在任何时代,从西格蒙德·弗洛伊德(Sigmund Freud)的精神分析学到大卫·赫伯特·劳伦斯(David Herbert Lawrence)的小说,具身性的体验都与身体的建构之间有

---

① N. Katherine Hayles. *How We Became Posthuman: Virtual Bodies in Cybernetics, Literature, and Informatics*. Chicago: University of Chicago Press, 1999: 6.

着不断的相互作用;具身性并不是脱离文化而独自存在的,而是重叠于文化内部。

莫里斯·梅洛-庞蒂在具身性思想的发展过程中扮演了重要角色,他提出:"具身的主体性"(embodied subjectivity)这一概念:"为克服笛卡儿的二元论提供了一种可能性……它既不把人视为离身的心智,也不把人看作复杂的机器,而是视人为活生生的、积极的创造物,其主体性是通过身体与世界的物质性互动而实现的。"[1]梅洛-庞帝以"肉身"来指代我们的身体与世界最初接触的体验,他认为关于认识世界的问题应该从身体的问题开始谈起,同时他认为身体图式、行为结构和生理神经结构是构成人类认知的基本途径。他强调人类认知始于"我能"(I can),而不是"我认为"(I think that),而之所以"我能",是因为"我"是"身体—主体"——一个与世界同在的"身体",因此"我"才能存在于世界之中,并与世界互动。[2] 也就是说,梅洛-庞蒂认为只有通过具身性,人类所有的心智能力才能与世界互动,他同时强调具身性为人类的认知设定边界。因此,在梅洛-庞蒂看来,精神只能够是"身体"的精神,它是一种具身化的精神,而不是一种虚无缥渺的存在。

具身性的后人类主义有两个关键术语——信息和身体。具身性的后人类主义允许人类在身体内外部进行信息传播,同时通过使用信息技术作为辅助手段来拓展自身的能力。在《我们如何成为后人类》中,海尔斯说:"建构赛博最重要的因素是将有机身体和

---

[1] P. Fusar-Poli, G. Stanghellini. "Maurice Merleau-Ponty and the 'Embodied Subjectivity'". *Medical Anthropology Quarterly*, 2009, 23(2): 91—93.

[2] 莫里斯·梅洛-庞蒂:《知觉现象学》,姜志辉译,北京:商务印书馆,2001年,第255页。

对于身体进行辅助的延伸连接起来的信息通道。"①海尔斯的后人类概念与哈拉维对于后人类的理解相呼应——赛博是由人类和具身的信息组成。对后人类的此种理解方式，意味着身体可以从肉体的局限中解放出来，并可以得到某种程度的强化，换句话说，身体原本具有的某些局限，可以通过作为辅助和延伸手段的各种信息技术而走向多种多样的本体状态。于是，人类便被后人类所解构了，而后人类作为一种赛博，则是人类与智能机器、肉体和信息技术共同建构的。哈拉维甚至指出，当今世界的每个人都成了赛博，之所以这么说，是因为我们每时每刻都与技术交融在一起，不管是疫苗、手机、电脑还是强化营养品，它们和人类的共存状态使得人类成为赛博。进而可以说，人与技术的这种内在关联意味着"在我们对机器和生物体、技术和有机物的常规认识中并没有根本的、本体的分离"②。

在对赛博空间的哲学解读中，离身性后人类主义将人类进化视为以超人类终结人类的历史，尽管它动摇了整体性、绝对权力以及有与无之间的二元模式，但这在海尔斯看来仍然是不可取的。海尔斯认为，后人类不是反人类，也不是人性的终结，而仅仅意味着人类和信息技术的共同演化，这一演化过程会产生更多的可能性和潜能，而这些可能性和潜能并不是仅仅作为物质性存在的人类就能达到的。在此意义上，赛博、后人类是对人类的超越，因为人类与信息技术的共同进化带来了单纯的人类进化所不可能达到

---

① N. Katherine Hayles. *How We Became Posthuman: Virtual Bodies in Cybernetics, Literature, and Informatics*. Chicago: University of Chicago Press, 1999: 2.

② Donna Haraway. *Simians, Cyborgs, and Women: The Reinvention of Name*. New York: Routledge, 1991: 178.

的高度。因此,海尔斯认为超人类意图达到永生的目的注定失败,原因在于超人类只不过是另外一种绝对主义,相反,作为一种身体和具身性信息同体的存在形式,具身性后人类拥有一种超人类所不具备的主体性。

从技术在后人类构成中的作用来看,技术在本质上既不是积极的也不是消极的,它们不过是一系列可能性,而正是这些可能性将后人类带向了新的发展方向。当然,这些可能性的好坏则依赖于它们所存在的环境。同时,技术也使得人类具身性地拥有的主体性成了一个普遍整体,这表明了身体和技术之间的交互关联性。另外,赛博能够使得信息转变为一个完全具身化的个体,这表明了人类的身体和具身性是后人类主体的两个必要条件。按照本体论、方法论和物质存在的观点,具身性的转变表明后人类的主体是一种流动的主体,是一种"间隙身体"(interstitial bodies)的主体。当现代主义和人类主义的人类身体的意义和实施处于一种"在中间"(in between)的阶段时,后人类身体既不是固定在技术概念上,也不是固定在生物学的身体上。

离身性超人类主义对人类主体性、社会性和实践性的彻底摈弃使其陷入理论困境,人类试图通过脱离身体物质性的束缚以达到超人类永生的意图注定失败,因此,离身性的超人类主义只不过是另外一种绝对主义。对于离身性超人类主义的哲学反思让我们重新思考具身性的意义,同时,我们应该认识到离身性超人类主义的理论困境只有通过重回具身性后人类才能加以解决。作为一种身体和具身性信息同体的存在形式,具身性后人类不仅解构了人类中心主义的局限性,同时还具有一种超人类所不具备的实践的主体性。

赛博科学观为我们提供了一个心/身、文化/自然、男/女、自我/他者、主体/客体等二元对立范畴被打破的赛博世界。由于二元对立结构的崩塌,这便形成了一个所有"中心主义"都消失的赛博世界。赛博世界中所涌现出来的是后人类主义,它研究的是一个人类和非人类对称的、去中心的冲撞与生成过程。用梅洛-庞蒂的话来说,这是一种"自我—他人—物"体系的重构,一种经验在科学中得以构成的"现象场"的重构。[①] 在其中,"客体"之所以成为"科学"的,"主体"之所以能够获得自己的新身份并处于一种新的社会关系之中,是因为它们是在实践的建构过程中生成的,是在时空延续过程中生成的,是历史与情境的产物。同时,这种研究使我们进入一种新本体论,即历史本身就是一个社会与自然、主体与客体共同演化的过程,这也就意味着在各种二元论崩塌之后,一种具有强烈历史感的后人类主义科学观的诞生。

扩展阅读

Donna Haraway. "Manifesto for Cyborgs: Science, Technology, and Socialist Feminism in the 1980s". *Socialist Review*, 1985(80).

N. Katherine Hayles. *How We Became Posthuman: Virtual Bodies in Cybernetics, Literature, and Informatics*. Chicago: University of Chicago Press, 1999.

思考题

1. 从生活中找一个赛博的例子,并尝试从哲学的角度谈谈它是如何打破传统二元论的思维结构的。

2. 技科学、赛博、后人类这些概念之间具有何种关系?

3. 后人类主义否定了人的主体性吗?

[①] 希拉·贾撒诺夫等编:《科学技术论手册》,盛晓明等译,北京:北京理工大学出版社,2004年,第112页。

第八章　两种文化关系的时代反思

自近代科学产生以来,科学与人文之间的关系就成为学术界不断思考的一个问题。20世纪50年代末,斯诺提出了"两种文化"这一命题,自此,两种文化开始成为人们用以表述科学与人文关系的专有概念。不过,随着近几十年来科学哲学家们对"科学"这一概念的理解的变化,即科学从一种知识式的存在形式到一种行动化的干预方式,两种文化的内涵逐渐获得了一些新的内涵。

第一节　两种文化的关系史

在古希腊,无论是今天所谓的科学还是人文都属于哲学家们"爱智"传统的一部分,因此,两者之间并不存在根本的对立。但随着近代自然哲学首先突破了古希腊哲学家们为数学和观察所加上的形而上学束缚,并接着将数学和实验结合起来最终完成了对自然的数学化处理,科学开始成为人类最为独特的一种知识。科学在认识论上的特殊地位,使得它逐渐远离人类其他知识。这种地位的差异和距离的疏远，引起了学者们的警惕，人们开始思考科学与人类其他知识的关系问题。卢梭是其中较早的一个。

一、卢梭式的质疑

一般情况下，当想到近代西方科学史时，人们很自然地认为这是一部近代科学不断挣脱传统哲学和神学的束缚进而从一个胜利走向另外一个胜利的历史。然而，当科学不断迈入前进的历史潮流之中时，却也常伴有不同的声音出现，有的人将这种声音称为"反科学"，也有人认为这仅仅是在"反思科学"。但不管如何，这些声音引发了人们对科学的地位及其认识论范围和现实应用范围的思考。这一声音的最初发出者便是法国哲学家让-雅克·卢梭（Jeam-Jacques Rousseau）。

1. 卢梭论科学

卢梭在其成名作《论科学与艺术》中着重从原因、目的和后果三个方面强调了科学和艺术给人类社会带来的危害。就原因而言，科学和艺术产生于人在闲逸中所产生的"骄傲心"、产生于"我们的种种坏思想"，"天文学诞生于人的迷信，雄辩术是由于人们的野心、仇恨、谄媚和谎言而产生的，数学产生于人们的贪心，物理学是由于某种好奇心引发的"。就目的而言，卢梭认为，科学所要达到的目的是"虚妄的"，因为一方面，科学以真理为目的，但通往真理的道路上充满着错误，而错误给人类社会带来的危害，要比真理带来的益处大得多；另一方面，真理本身也难以判定，因为人们对真理的评价标准不一，甚至可以说，即便人们真的发现了真理，人们就一定能够好好地使用真理吗？

就后果而言，科学和艺术带来的危害也是巨大的。首先，科学和艺术不仅产生于闲逸，而且会助长人的闲逸，从而带来时间的浪费。哲学家们研究行星的运行、昆虫的繁殖方式等,但这些深奥的知识,对人类来说并不是必需的,因为缺失这些知识,并不会带来"人口减少",也不会带来社会的退步或者"邪恶"。最博学的哲学家的知识尚且如此,那些"不入流的作家和游手好闲的文人"就更是如此了。他们摇唇鼓舌、到处乱窜,破坏了人们的信仰、败坏了社会的道德。第二,科学和艺术助长了人们的奢侈之风。政治家们"提倡发展商业和追逐金钱",用以代替古代"良好的风尚与道德",忘记了"金钱固然可以买到一切,却不能培养风尚与公民"。第三,奢侈之风会败坏风尚,而风尚的败坏则会进一步败坏人们的审美力、消磨人们的意志、妨碍道德的提高。尤其在道德方面,学生在学校所学的仅仅是诡辩的技巧,他们经常分不清真理与谬误,进而,"对于什么叫崇高,什么叫正直,什么叫谦和,什么叫人道,什么叫勇敢,他们全然不明白"。由此可见,科学和艺术所带来的并非真正的文明,反而是一种束缚人的枷锁,"科学文学和艺术(它们虽然不那么专制,但也许更为强而有力)便给人们身上的枷锁装点许多花环,从而泯灭了人们对他们为之而生的天然的自由的爱,使他们喜欢他们的奴隶状态,使他们变成了所谓的'文明人'"。只要认识到了这种"束缚",我们就会发现,今天他们"在外表上看来一身都是美德,而实际上却是一种美德也没有"[①]。

如果将卢梭的质疑放到西方文化的宏观背景之下就更容易理解了。一般而言,西方存在着三种看待人与世界的模式。第一种模式是超自然的、超宇宙的,它把聚焦点置于上帝之上,把人视为神的创造的一部分。第二种模式是自然的,也就是科学的模式,其

[①] 卢梭:《论科学与艺术的复兴是否有助于使风俗日趋纯朴》,李平沤译,北京:商务印书馆,2011年,第10—11、25—43页。

焦点是自然,如同其他的有机体,人也被视为自然秩序的一部分。第三种模式是人文主义的,其聚焦点是人,以人的经验作为认识自己、上帝以及自然的出发点。第一种模式在中世纪占据支配地位,第二种模式严格来说到17世纪才最终形成,第三种模式尽管有其古希腊传统,但其现代形态到了文艺复兴时期才开始形成。[①] 卢梭对科学的批判显然属于第三种理解模式对第二种理解模式的批评。不过,卢梭是以两种古典观念的名义来批评现代性的。一方面是道德,现代国家信奉贸易、金钱、启蒙、释放贪欲、奢侈,而古代城邦则推崇风尚和道德,现代人缺乏古人的爱国主义精神,他们关心的并不是自己的祖国,而仅仅是私人或家庭事务。另一方面是自然,卢梭呼吁从人为的、习俗性的世界复归于自然状态,即政治状态之前的"自然人"。由此,卢梭带来了现代性的第一次危机。[②]

2. 世界的祛魅

卢梭对科学和艺术的批评,被后来的学者们部分性地加以继承,甚至体现在了20世纪某些重要思想家的工作之中。那么,问题在于,科学批评者是否要全然否定科学呢?显然,卢梭及其后来的追随者们并不是要彻底消解科学,其真正目的在于批评近代科学所带来的对世界的理解方式,这种理解方式的典型特征就是自然的数学化和机械化,其最终结果是导致了世界的祛魅。

对自然的数学描述是近代科学的一个非常重要的特征。"近代科学成功的秘密,就在于在科学活动中选择了一个新的目标。这个由伽利略提出并为他的后继者们继续追求的新的目标,就是

[①] 阿伦·布洛克:《西方人文主义传统》,董乐山译,北京:三联书店,1997年,第12—13页。

[②] 列奥·施特劳斯:《自然权利与历史》,彭刚译,北京:三联书店,2003年,第257—259页。

寻求对科学现象进行独立于任何物理解释的定量的描述。"这里所说的"物理解释"并非指今天的物理学,而是指古希腊的物理学研究。"希腊科学家们主要致力于解释现象为什么会发生的原因。"①因此,希腊自然哲学的典型特征是追求终极的因果解释,是目的论、本质论的。例如,在亚里士多德看来,石头为何会下落?这是因为石头主要是由土元素构成的,土元素是重的元素,其本质属性或者其目标就是朝向宇宙中心运动,因此,它必然会下落到地面上。亚里士多德自然哲学的核心就是,"所有自然物体都有本质属性;本质属性是有目的的;本质属性是它们所作所为的原因"②。

与希腊自然哲学由于追求终极解释而使用的形而上学框架不同,近代科学要求用一种精确的数学语言来研究自然界。这一工作被称为自然的数学化。伽利略是这一进程中非常重要的一位。伽利略首先对自然界进行了第一性和第二性的区分,前者主要是指物体的形状、广延、位置等量的方面,后者则指声音、颜色等质的方面。伽利略的立场是高扬第一性、贬低第二性。研究第一性的最合适的工具便是数学。"它(宇宙)是用数学的语言撰写的,它的符号是三角形、圆形以及其他几何图形,没有它们人们连它的一个词也读不懂;没有这些,人们就会在黑暗的迷宫中徘徊。"③我们可以从伽利略的角度来重新理解落体问题。与其前辈们为落体寻求一种本质性的终极解释不同,伽利略看到的是,重物从起点下落的距

---

① M. 克莱因:《西方文化中的数学》,张祖贵译,上海:复旦大学出版社,2004 年,第 184 页。
② 理查德·德威特:《世界观:科学史与科学哲学导论》,李跃乾、张新译,北京:电子工业出版社,2014 年,第 86 页。
③ 安东尼·M. 阿里奥托:《西方科学史》,鲁旭东等译,北京:商务印书馆,2011年,第 337 页。

离会随着从下落开始所经历的时间而增加。因此,伽利略将问题从寻求重物下落的本质原因,转变为解释重物下落的距离与其下落所经历的时间这两个变量之间的关系。对这种纯数学关系的寻求使得自然哲学家们的任务从形而上学的终极解释转向了对客观世界的数学描述。

近代科学的另外一个核心特征是实验。古希腊自然哲学家们所要追求的是世界的本质解释,而现实世界的多变性使得这个本质必然是隐藏于现实世界背后的。对这种隐藏之物的寻求,使得自然哲学具有了形而上学的思辨色彩。而近代科学则认为形而上学的终极解释并不具有说服力,牛顿如此批判亚里士多德的物理学:"亚里士多德学派所说的'隐蔽的性质'不是指明显的原因,而是指隐藏在物体背后的那些性质,是重力、磁和电吸引以及发酵……的未知的原因。这些隐蔽的性质使自然哲学的发展止步不前,因此后来就被抛弃了。要是告诉我们说,每一类物质都被赋予一种隐藏的特殊性质,由此发挥作用并产生明显的效果,那就等于什么也没有告诉我们。"[1]因此,科学研究不能从那些"隐蔽的性质"出发,而应该从"重力、磁和电吸引以及发酵"这些现象本身出发,也就是说,观察和实验才是科学思考的起点。在近代实验传统的形成过程中,弗朗西斯·培根起了非常重要的作用。培根认为,科学研究"必须从系统的观察和实验开始,达到普遍性有限的真理,再从这些真理出发,通过渐缓的逐次归纳,达到更为广阔的概括"[2]。近代的主要科学家们几乎都非常重视观察和实验的作用。

---

[1] 转引自罗伊·波特主编:《剑桥科学史·18世纪科学》,方在庆主译,郑州:大象出版社,2010年,第23页。

[2] 亚·沃尔夫:《十六、十七世纪科学、技术和哲学史》,周昌忠等译,北京:商务印书馆,1991年,第173页。

如果说第谷是基于其天文观测拒绝哥白尼的日心说模型,并在日心说和地心说之间找到了一条中间道路的话,那么,同样的,伽利略也是基于其天文观测(与第谷的肉眼观测不同,他开始使用望远镜进行观测)找到了对哥白尼体系的支持性证据。可以说,"导致与传统决裂的与其说是伽利略所做的观察和实验,莫如说是他对观察和实验的态度……按照伽利略的观点,重要的是接受事实,并且建立符合这些事实的理论"[①]。这一做法破除了刻板的教条主义传统,使科学真正成了一门关乎事实的学问。

在数学和实验的基础之上,产生了一种新的哲学,可以称之为机械论哲学。这一哲学提出了一种新的世界理解图景,这种图景主要具有以下特征:

(1) 无限宇宙由无数以恒星为中心的行星系构成。

(2) 自然哲学旨在替上帝支配和控制自然。

(3) 无限宇宙由被称为原子的亚微粒子组成的物体所构成,原子结构简单且具有一些可量化的属性——大小、形状、质量和可移动性。

(4) 宇宙是由万能的造物主——上帝用原子创造的一架巨大的机器。

(5) 原子的运动和碰撞遵循基本的数学法则,这些法则是由被称为力学或数理物理学(新的重要科学)的科学的新数学领域发现的。

(6) 系统的实验是从宇宙机器获得事实以及检验其真理的主要方式。

---

① 转引自 A. F. 查尔默斯:《科学究竟是什么》,鲁旭东译,北京:商务印书馆,2009年,第14页。

（7）需要新的社会组织和机构来促进这类自然知识的生产。①

机械论哲学的一个核心隐喻是，自然成了机器。这一机器是由杠杆、滑轮等零部件构成的，因此其构成和运动方式是可以通过数学和实验的方法来加以研究的。这样，古希腊哲学家们所赋予自然的价值、目的、本质等都被消解了，这就是自然的"祛魅"。

科学的巨大成功得到了人们的高度赞扬。英国诗人亚历山大·蒲柏（Alexander Pope）用极度赞美之语来评价牛顿："自然与自然法则深藏于黑暗之中。上帝说：让牛顿出现吧！一切灿烂光明。"在另外一首诗中，他还写道："超越一切的神人，当他们最近看到一个凡人揭示了所有自然法则，便会对人世间的如此智慧予以赞赏，像我们让猿人表演那样，让牛顿登场。"然而，在一个世纪之后，浪漫主义文学家和诗人们便开始对科学进行批评和指责，查尔斯·兰姆指责牛顿为"一个只相信像三角形有三条边那么明白事物的家伙"，一个"把彩虹简化为三棱镜折射出的各种颜色，从而摧毁了所有关于彩虹的诗篇"的拙劣骗子。②浪漫主义对科学的批评代表了双方在自然观上的差异，当科学使自然丧失意义时，浪漫主义者则试图恢复或者维护自然的意义。

二、斯诺命题

尽管以浪漫主义为代表的人文思潮对科学进行了激烈的批评，但并未阻碍科学的迅猛发展。在之后的世纪里，科学不仅不断地完善和扩展自己的知识边界，同时也开始进入教育之中，不断地

---

① 约翰·A. 舒斯特：《科学史与科学哲学导论》，安维复主译，上海：上海科技教育出版社，2013年，第369页。

② 罗伊·波特主编：《剑桥科学史·18世纪科学》，方在庆主译，郑州：大象出版社，2010年，第762—763页。

扩充科学家的队伍。教育观念的差别，最终引发了19世纪赫胥黎和阿诺德之间的争论。赫胥黎强调，科学教育的引入最初遭到了古典主义的反对，但不管是古典主义所包含的知识，还是古典主义给人们带来的心智训练，都难以证明其价值。因此，对于真正的文化教育而言，科学教育至少与古典教育同等重要，科学课程的学习对于防止人们的心智扭曲而言同样是不可缺少的。而阿诺德则对科学教育在大学中的不断推进提出了质疑。他认为，科学和实用学科的功利性目的，很可能会腐蚀真正的"文化"，即古典语言和文学。而古典文化是世界上最好的思想和言论。进而，古典文化的教育要比功利性的科学教育更为重要。① 当然，尽管以阿诺德为代表的古典文化的支持者对科学教育持保留态度，但客观事实是，科学教育在西方的大学中不断推进。随着科学影响力的不断加大，科学与批评者之间的鸿沟也越来越大，最终引发了科学文化和人文文化之间的分裂。

两种文化命题是由C.P.斯诺（C. P. Snow）提出的，但这并不意味着两种文化到斯诺的时代才发生分裂。不过，斯诺却在一个恰当的时间、恰当的地点提出了这一问题。此后，斯诺命题便迅速发酵，时至今日，两种文化、斯诺命题已经成为科学与人文关系的代名词了。

1956年10月，斯诺在《新政治家》杂志上发表了一篇名为《两种文化》的文章，3年后又在剑桥大学发表了一场名为《两种文化与科学革命》的演讲。斯诺本人的身份比较复杂，他曾经是一位科学家，也是一位小说家，还有在政府部门工作的经历，复杂的经历

---

① R. 弗里曼·伯茨:《西方教育文化史》,王凤玉译,济南:山东教育出版社,2013年,第445—446页。

使得斯诺有机会认识到科学的不同侧面以及不同人群对科学的态度,这对斯诺提出两种文化命题具有重要意义。在演讲中,斯诺对两种文化分裂的表现、原因以及后果进行了概述。当然,斯诺的阐述并不是十分学术化的,而且前后论述也有不一致的地方,但斯诺的重要性在于提出了这一问题并为其划定了一个基本的框架,而不在于为这一问题所提供的独特答案。

斯诺指出,西方文化界正面临着科学文化与人文文化之间的分裂。不过,斯诺的重点更在于两大文化群体的分裂,即以物理学家为代表的科学家群体与以文学知识分子为代表的人文学者群体之间的分裂。正由于此,斯诺强调,他所说的文化不仅是"智力意义上的",也是"人类学意义上的"[①]。斯诺认为两种文化的分裂主要体现在以下几个方面:

智识层面。正如上文所言,斯诺并非着力强调科学文化和人文文化在认识论层面上的对立,他更关注的是两大群体对彼此文化的态度。这是因为一方面斯诺的主要目的并不单纯是彰显两种文化之间的知识性差异,而是试图唤起人们对两种文化分裂之现状的关注,进而寻求两种文化的融合途径,另一方面斯诺更为重要的目的在于指明两种文化的分裂所带来的社会后果,因此,他更加强调两大群体对待对方及其文化的态度、工业化进程、贫富差距、教育改革等。当然,斯诺也指出了纯粹科学和应用科学之间的分裂,即科学与技术之间的分裂,但同时也强调,这两者的分裂并未如科学和人文的分裂这么严重。

社会生活层面。斯诺在这一方面的重点是突出两种文化在人

---

① C. P. 斯诺:《两种文化》,陈克艰、秦小虎译,上海:上海科学技术出版社,2003年,第8—9页。

类学意义上的对立,即两大群体之间对立的体现,尽管两种文化在认识论层面的差异与人类学层面的这种对立是联系在一起的。这一层面的分裂表现为两个方面。第一,科学家和人文学者两大群体之间彼此无知。科学家不懂人文,这不是因为他们对心理、道德或社会生活不感兴趣,而是因为人文文化与他们的研究主题毫无关系;人文学者也不懂科学,他们不了解热力学第二定律、不懂得分子生物学,甚至对科学进展全无兴趣。第二,基于这种彼此的无知,他们进而产生了彼此轻视乃至敌视的态度。科学家认为人文学者强调的都是生命体验、精神领悟、灵魂升华这些虚无缥缈的东西,这是对自己的聪明才智的浪费,进而也就是对人类命运的不负责任;人文学者同样批判科学家的浅薄的乐观主义,他们只看到了人类生活的物质层面,却忘记了人首先是一种精神性的存在,进而忽视了人之为人的最根本的东西。

社会发展层面。两种文化在认识论和人类学意义上的分裂,在社会发展层面上产生了非常严重的后果。因为科学特别是应用科学的发展,是与工业革命联系在一起的,而不同群体对待工业革命的态度也就被转变为了对待人类命运的态度。在斯诺看来,人文知识分子是天生的卢德分子,他们对社会进步毫不关心,甚至带有敌意。就如同耶稣会的一位长老在看到开往剑桥的火车时说,"这对上帝和我都是一件同样不愉快的事情"[1]。知识分子对工业革命采取如此态度,是因为他们认为技术的进步与他们所追求的终极目标毫无关联。然而,他们的这种反知识的态度,是与整个社会的发展潮流背道而驰的,因为工业化是推动人类社会发展并解

---

[1] C. P. 斯诺:《两种文化》,陈克艰、秦小虎译,上海:上海科学技术出版社,2003年,第21页。

决贫困问题的最好路径,"工业化是穷人的唯一希望"①。

斯诺也强调了两种文化的分裂可能带来的严重后果。一方面,人们对科学的无知会导致对科学与科技政策所可能带来的社会后果的无知,"存在两种不能交流或不交流的文化是件危险的事情。在这样一个科学能决定我们大多数人生死命运的时代","处于一个分裂的文化中的科学家所提供的知识有些只有他们自己懂","从实际的角度来看也是危险的。科学家能出坏主意,而决策者却不能分清好的或坏的"②。这样,科学的发展很容易失去控制甚至可能带来严重的社会危害。另一方面,知识分子对与科学和技术相关的"工业革命"带有抵触情绪,会导致对人类进步的质疑,从而不仅影响到西方社会的进步,也会影响到欠发达国家走向富裕的道路。

从上述讨论可以看出,与其说斯诺想要寻求科学和人文之间的融合,倒不如说他所要做的是试图提高科学家的人文修养和人文学者的科学修养,并最终将整个社会凝聚到以科学和技术为代表的进步力量之上。因此,这并不是两种文化在认识论上的融合,而仅仅是在人类学意义上的融合。基于此,他所提供的主要解决方案也仅仅是教育改革,具体而言,在英国国内,从教育层面上弱化专门化教育在不同学科间所造成的割裂,在世界范围内,欠发达国家也要通过教育改革并积极寻求发达国家的帮助来提升自己的工业化能力。因此,斯诺对技术的倾向性是非常强的,在此意义上,他成了一个科学精英治国论的提倡者。

---

① C. P. 斯诺:《两种文化》,陈克艰、秦小虎译,上海:上海科学技术出版社,2003年,第22—23页。

② C. P. 斯诺:《两种文化》,陈克艰、秦小虎译,上海:上海科学技术出版社,2003年,第83—84页。

三、"索卡尔事件"与科学大战

如果说斯诺所提出的两种文化命题,是人类有关科学与人文关系的第一场科学大战的话,那么,索卡尔事件及其所引发的系列争论便是人类历史上的第二场科学大战。

1996年5月18日,《纽约时报》头版刊登了一则新闻。纽约大学物理学教授艾伦·索卡尔(Alan Sokal)向美国著名的文化研究杂志《社会文本》提交了一篇诈文,对后现代主义领域的科学批评人士进行了一次"钓鱼执法"。这篇文章的名字是《跨越界线:走向量子引力的超形式的解释学》。这篇文章是一篇诈文,也就是说,索卡尔故意在文章中埋下了很多的错误,但审稿人和杂志社没有发现这些错误,最终将文章发表了。这就是著名的"索卡尔事件"。鉴于这一事件带来的轰动效应,国际社会众多媒体和学术杂志纷纷对此进行持续关注。同时,这一事件也将学术界撕裂为两大阵营:科学卫士阵营和后现代主义阵营,两者之间不断展开论战与交流,从而形成了一场声势浩大的新的"科学大战"。

纵观20世纪学术界的历史,我们会发现这场论战的发生非常具有戏剧性。20世纪上半叶,以逻辑经验主义为代表的科学哲学开始形成并在西方学术界逐渐产生较大影响力。传统科学哲学的目标是为科学的客观性、真理性进行方法论层面的辩护。但哲学家们在对科学进行辩护的过程中发现,要想为科学确立一个牢固的认识论根基是非常困难的。因为科学不仅仅是一项认识论的事业,即此种情况下它的评价标准在客观的自然,而且也是一项由人类所从事的事业,即此时它的评价标准又在人类社会。由此,科学哲学便在这两端之间摇摆不定。最终,哲学家们不断从后者的角度提出一系列论题如观察渗透理论、观察对理论的非充分决定性、不可通约性等,最终导致了科学的客观性、合理性的危机。20 世纪 70 年代,最先在英国而后在欧洲大陆和美国出现了一种新的学术思潮——科学知识社会学。持这一立场的社会学家们认为,既然科学研究并非建立在中性的观察与实验基础之上,因此它也就不再是一项客观的事业,必然会受到人类社会的影响。进而,他们将人类对科学的影响扩展为一种比较强的社会决定论,即科学完全是一项社会事业,与人类其他的社会性事业无异。这样,科学哲学就走向了相对主义,走向了对科学的解构。

这种解构工作为女性主义、后殖民主义、多元文化论者、绿色运动组织等进入认识论提供了哲学基础,并使得揭露和批判科学中所蕴含的性别编码、意识形态偏见、文化属性和政治立场等成为时髦。这样,西方社会经历了各种终结之后,终于迎来了科学的终结。就如《科学美国人》杂志的撰稿人约翰·霍根(John Horgan)在其著作《科学的终结》中所指出的,当代科学的发展越来越陷入了一种"反讽的科学"的模式之中,即"以一种思辨的、后经验的方式去追求科学",这种科学"与文学批评的相似之处在于:它所提供的思想、观点,至多是有意义的,能够引发进一步的争论,但它并不趋向真理,不能提供可检验的新奇见解,从而也就不会促使科学家们对描述现实的基本概念做实质性的修改"。简单而言,反讽科学的基本意思是,当代的许多科学理论,尽管有着复杂的数学结构和逻辑推导过程,但它们难以产生具体的、可检验的经验推论,因此,科学变得越来越"思辨"。霍根指出,可以列入反讽科学范围的研究主题包括:宇宙的起源与演变、宇宙的唯一性、夸克和电子的可分性、量子力学的意义、生命的起源、生命发展是否具有必然性等,对所有这些问题"所涉及的内涵,只能进行反讽式的回答,正如文学批评家所熟知的那样"。因此,反讽科学所提出的问题都是"不可解问题","一切知识都是一知半解的知识","不能对知识本身做出任何实质性的贡献",因此,"它不同于传统意义上的科学,倒更像是文学批评或哲学"。由此,霍根做出结论:科学(尤其是纯科学)已经终结,"伟大的科学发现时代已经结束了"①。

对科学的这种解构工作最初遭到了正统哲学家和社会学家的反对,自20世纪80年代初开始,持正统立场的学者们就不断对这种思潮进行反驳和批判。进入90年代,许多科学史和科学研究人士也开始加入这一行列之中。例如,著名科学史专家杰拉耳德·霍耳顿(Gerald Holton)就写了《科学与反科学》一书,书中总结了各种科学批判和现代性批判理论的基调,并将之总结为以下几点:"主观的,不是客观的;喜爱定性而不是定量;人格化的,而不是非人格化的;以自我为中心;感官享受的和具体的,不是理智化的和抽象的;崇尚独特性,而不是可普遍化性;可接近所有人,不仅仅是精英或一种能人统治;目的—取向或者神秘—取向,而不是问题—取向;对可证伪性检验兴趣不高;以信仰为基础;倾向于以个人权威为基础的体系,而不是容纳同等受支持的相反观点;权力先于知识并决定知识,而不是相反;在知识领域中不存在层次,它们在本质上具有相同的权威性;等等。"②这些立场的根本目的就在于否认科学的客观性和进步性。物理学家S.温伯格(S. Weinberg)在1992年出版了《终极理论之梦》一书,书中对当代科学知识社会学的立场进行了概要评价。他说:"从科学是社会过程的事实得出结论,说我们最终的科学理论产物是因为社会和历史

---

① 约翰·霍根:《科学的终结:在科学时代的暮色中审视知识的限度》,孙雍君等译,呼和浩特:远方出版社,1997年,第9—11、41页。
② 杰拉耳德·霍耳顿:《科学与反科学》,范岱年、陈养惠译,南昌:江西教育出版社,1999年,第218页。

作用影响那个过程的结果,完全是一种逻辑的谬误。"[1]他将社会学家们的错误类比于登山运动员们可能会对登顶的最佳路线争论不已,但人们并不会将有关路线选择的社会争论等同于山峰的建构,登山者并不是在"建构珠穆朗玛峰"。从这一类比可以看出,温伯格认为,社会因素最多可以决定科学发展的方向、速度等外围因素,但绝对不能进入科学的认识论核心。英国生物学家沃尔珀特的《科学的非自然本性》(1992)、生物学家理查德·道金斯的《伊甸园之河》(1995),同样对科学知识社会学的相对主义立场进行了反驳。1994年,美国弗吉尼亚大学的生物学家保罗·格罗斯和罗格斯大学的数学家诺曼·莱维特出版了《高级迷信:学术左派及其关于科学的争论》一书,书中将科学批评人士称为"科学批评"阵营、"学术左派"、"后现代主义"等。这一阵营主要包括文化建构论者、文化批评人士、女性主义者、绿色运动组织、非洲中心论者等。这一阵营的共同点是对科学持批判立场。"在学术左派内部,对科学的敌意却无限扩展开来,矛头直接指向科学建制化得以维系的社会结构,指向职业科学家所赖以产生的教育系统,并且真真假假地指向科学家之所以被称为科学家的那些心理特征。"而且,"最令人惊讶的是,竟有人公然反对科学知识的实际内容,反对那种被公认为所有受教育人士都会接受的普遍假设,即科学知识在理性上是可靠的,是建立在完善的方法论基础之上的"[2]。正是该书所描绘的学术左派对科学的敌意态度,使得索卡尔意识到必须以某种方式来反击这种敌意,为了增强反击的效果,索卡尔决定写作一篇诈文,

---

[1] S. 温伯格:《终极理论之梦》,李泳译,长沙:湖南科学技术出版社,2003年,第150页。

[2] 保罗·R. 格罗斯、诺曼·莱维特:《高级迷信:学界左派及其关于科学的争论》,孙雍君、张锦志译,北京:北京大学出版社,2008年,第3页。

并将之发表在了《社会文本》杂志。

索卡尔的诈文主要包含以下几个方面的内容：

第一，意识形态批判的主导性。

索卡尔文章的主题是基于对科学研究的意识形态内涵的挖掘，从而塑造一种具有解放意义的科学，这种解放性的科学的目的在于，破除科学知识的神秘性，实现科学知识的民主化，因此，科学不再是精英性的，它必须将诸多学术立场、社会团体的观点（如女性主义、同性恋者、多元文化论者等）纳入其中，这样，科学才能成为一种政治上进步的科学。

为了做到这一点，索卡尔首先对比了两种科学观：一种是自然科学家特别是物理学家所持有的科学观，索卡尔称之为"后启蒙运动霸权长期强加在西方学术界的教条"；另外一种则一方面表现在20世纪科学的最新进展之中，另一方面体现在后现代主义者对科学的意识形态批判之中。这两种科学观的具体对比如下：从本体论的层面上来说，现代主义科学观认为"存在一个外部的世界，其特性独立于任何个体的人，甚至独立于作为总体的人类存在；这些特性被隐藏在'永恒的'物理学规律之中"。而后现代主义者则揭露了科学家们所描绘的客观世界的虚假性，"物理'实在'，只不过是一种社会'实在'，本质上是一种社会和语言的建构"。从认识论的层面来说，现代科学的立场是，既然物理学规律是客观存在的，因此人们的任务就是"通过（所谓的）科学方法所规定的'客观的'程序和认识论上的规范，来获得关于这些定律的可靠的，虽然是不完备的和试探性的知识"。而后现代主义者则认为，既然世界并非客观、规律并非真实，那么，科学知识的真实性也就应该受到怀疑，"'知识'远不具有客观性，它反映或隐藏着其赖以生存的文化中的占统治地位的意识形态或权力关系；科学真理的断言本质上具有理论负载和自我指涉,因此,科学共同体的话语,尽管其具有不可怀疑的价值,但从不同见解者或受排斥的团体中产生出来的反霸权的叙事来说,人们不能够断言它们具有一种认识论上的权威地位"①。

第二,通过科学知识的堆砌来为后现代主义科学观做辩护。

为了论证上述后现代主义科学观的合理性,索卡尔从20世纪科学发展的具体历史中找到了对这种科学观的辩护。这种辩护主要从量子力学、广义相对论、量子引力、微分拓扑学和同调理论、流形理论等领域展开。在论述中,他把许多著名的科学家如爱因斯坦、海森堡、玻尔等与后现代主义的代表性学者如德里达、拉图尔、伊利格瑞等并置,以期从前者的理论中找到对后者立场的辩护。例如,索卡尔从海森堡和玻尔的论述中找到了支持后现代主义者阿诺罗维兹的观点的证据。海森堡基于其测不准原理强调,"科学不再是一个作为客观的观察来面对自然,而是把自己视为一个在人与自然的相互作用中的演员。人们已经认识到了分析、说明和归类的科学方法的局限性,这种局限性来自于这样的事实:通过自身的介入,科学改变和重新塑造了其研究的对象。换言之,方法和对象不再相互分离了"。接着,索卡尔又引用了玻尔的话"在普通物理学意义上的一种独立实在的存在既不能够被归属于现象,也不能够被归属于观察的力量"。尽管索卡尔并未言明,但他在此的目的显然是为了从当代科学的发展中找到对后现代主义者强调世界之建构性和科学之非客观性的证据。不过,他并未对此进行论证,便直接过渡到了对阿诺罗维兹的赞同,"斯坦利·阿诺罗维兹

---

① 艾伦·索卡尔:"超越界线:走向量子引力的超形式的解释学",载于索卡尔、德里达、罗蒂等著《"索卡尔事件"与科学大战:后现代视野中科学与人文的冲突》,蔡仲、邢冬梅等译,南京:南京大学出版社,2002年,第2页。

已经很令人信服地把这种世界观追溯到第一次世界大战前后,中部欧洲所出现的自由主义逐渐占据上风的那些转折年代"。因此,索卡尔的论述是存在问题的,其目的仅仅是为了从科学中寻求证据以迎合后现代主义者。

第三,科学常识的错误。

科学家或者说科学支持者经常持有的一个预设是,如果要对科学进行评价或者批评,就必须要懂得科学。考虑到科学已经不再是一种纯粹认识论层面的知识,而是已经成为改造自然、改造社会甚至改造人类自身的一种力量,这一立场也就并非全然合理了。不过,索卡尔在诈文中为后现代主义者所挖的"坑"却表明,这些后现代主义者并未通过考验。例如,索卡尔说:"欧几里得的 π 和牛顿的 G,从前一直被认为是常数,因而是普适的,现在却要其在不可避免的历史性中来理解。"索卡尔又说,复数理论是一种"新的和相当具有猜测性特点的数学分支",它是一种后现代科学,其特征是比喻自然,而非准确的描述自然。《社会文本》的编辑和评议专家并未发现这些错误。由此,索卡尔试图以此文表明后现代主义者一方面不懂科学,甚至并不了解基本的科学常识,另一方面不懂逻辑,他们在科学知识与政治结论之间进行了非逻辑的联系。

"索卡尔事件"在学术界引发了一场轩然大波。最初,人们只是就这一事件本身进行争论,争论的内容包括索卡尔的学术诚实性、《社会文本》编辑们发表索卡尔文章的动机等。但随着这一事件的迅速升级,争论逐渐演变成为两大学术阵营(科学卫士阵营和后现代主义阵营)之间的争论。当然,科学卫士阵营并非仅仅包括科学家,也包括了一些对科学持正统立场的哲学家和社会学家。而且,两大阵营内部也并非铁板一块,不同学者、不同学派之间立场差异巨大,例如,同属后现代主义阵营的布鲁尔和拉图尔之间就争论不断,这种争论的最终结果就是20世纪90年代科学知识社会学内部社会建构主义和科学实践研究两种进路的分野。因此,上述两大阵营的分类也只是人们根据不同学者在某些重要问题上的基本立场来确定的,并非表示同一阵营内部全然一致。这场扩大化的争论被称为"科学大战"。

随着论战的持续,论战双方也开始意识到和解的重要性。他们纷纷发表文章、召开学术研讨会、举行公开辩论,以期达成谅解,结束争论。但这些努力的结果表明,由于双方在基本立场上的差异,和解是很难达成的。出现这种结局的原因在于,双方的争论并非是针对科学的表面现象的争论,而是一场哲学的争论。正如美国社会学家林奇所言:"表面上看,这是一场有关科学的争论,其争论内容却是哲学的……进而,这就成了一场形而上学的论战。"[1]

可以将双方的哲学分歧概括为以下几个方面:在本体论上,科学阵营一般认为,世界是外在的、客观的,独立于人类而存在;后现代主义阵营则普遍认为世界的客观性和外在性是人类建构的产物。在认识论上,科学阵营往往坚持科学的真理性,认为科学至少也是向着真理的逼近;而后现代主义阵营则认为科学与真理并无必然联系,其中更为极端者甚至将科学类比为宗教。在方法论上,科学阵营一般认为存在着科学研究的客观方法,这里需要注意两点,第一,科学方法论的研究,传统而言是由科学哲学家承担的。第二,科学方法论通常并不是指做出科学发现的心理过程中所蕴含的方法论规则,因为心理过程难以逻辑化,所以也就难以方法论

---

[1] Michael Lynch. "Is a Science Peace Process Necessary". In: Jay A. Labinger, Harry Collins (eds.), *The One Culture? A Conversation About Science*. Chicago & London: The University of Chicago Press, 2001: 53.

化,而是强调科学评价的方法论,科学哲学家通常称之为"合理性问题"。后现代主义阵营则认为这套方法论规则是不存在的,因为方法论的前提是观察与实验作为科学研究起点和评价标准的客观性以及逻辑推理法则的有效性,但是,后现代主义者则通过强调科学研究的逻辑状态与心理状态、社会状态之间的差异,从而否认了上述两个前提的合法性。在价值观上,科学阵营一般认可事实与价值的二分,科学对应于事实领域,政治、伦理对应于价值领域,这样现代社会的两个分支——自然和社会及其各自的代表(科学对应于自然、政治对应于社会)——就被确立起来;后现代主义阵营则大多认为科学中渗透着价值,这些立场一方面来自于哲学的讨论,如观察渗透理论,另一方面来自于对技科学概念的考察(参见第二章)。

表8-1 科学大战中双方的立场

	科学卫士阵营	后现代主义阵营
本体论	存在着外在的客观世界	世界的客观性、外在性是人为构造的
认识论	科学是真理或向真理的逼近	科学与真理并无必然联系
方法论	存在着科学研究的客观方法	不存在客观方法,怎么都行
价值观	科学与价值二分	科学中渗透着价值和意识形态的因素

当然,局内人所看到的彼此形象与局外人的看法是有很大差距的。在科学阵营看来,后现代主义者否认世界的客观性和外在性、否认科学理论的客观性,也就是否认了世界的真实性和科学理论的真实性,他们否认科学方法的存在,就是彻底抹平了科学与其他文化形态之间的差异,否认事实与价值的二分也就是要将科学

委身于价值和意识形态。在后现代主义阵营看来,科学家们混淆了世界的客观性和实验室内的客观性这两个概念之间的差异,错误地将科学的有效性等同于科学的客观性和非属人性,将科学家视为方法论的木偶进而否认了科学家个体的主动性和能动性,最后,误解了作为知识的科学和作为改造现实之力量的科学之间的关系,从而将科学与价值虚假地割裂开来。综合而言,后现代主义阵营会认为科学的支持者们都是科学主义者。由此,双方都觉得对方是在误解自己。科学阵营会说,我们并非科学主义者,我们仅仅是希望人类历史上这一最伟大的力量能够更大发挥出它的效力,从而推动人类社会的进步;后现代主义阵营则会说,我们的目的并非要批判科学、否定科学,相反,我们热爱科学,但这种热爱的对象并不是科学阵营所主张的那种虚假的科学,而是现实社会中的真实科学,热爱的目的不是盲目崇拜科学,而是让科学更好地为人类服务。

表8-2 科学大战中两大阵营对彼此立场的理解

	科学卫士阵营	后现代主义阵营
	科学阵营眼中的后现代主义	后现代主义眼中的科学阵营
本体论	世界不是客观的,因此世界是虚假的、不真实的;规律是不存在的	世界自身的客观性等同于实验室内的世界的客观性
认识论	科学中渗透着利益和价值,因此科学是虚假的	科学是有效的(向前可解释、向后可预言),因此科学是客观的,不具有属人性
方法论	不存在科学方法,一切都是权力斗争和语言游戏	科学方法是客观的,方法的普遍性排除了地方的偶然性和情境性
价值观	科学与宗教无异,事实与价值同一	科学是客观的、自然的,价值是主观的、社会的,两者毫无关联

当然，这场争论的根本原因在于双方在科学评价的标准问题上各执一端。我们知道，科学的研究对象是自然，因此，自然应该是科学研究的根本评价标准。但问题在于，从历史的角度来看，自然这一标准的历史性使得它很难成为一个逻辑标准。于是，人们从评价标准的历史性中，强调科学研究的主体属性，即科学研究是一项人类的事业，因此，某一命题或者理论能否获得科学这一称号，完全是由科学家的集体判决来决定的。于是，两大阵营在上述两个标准上各偏一域，试图将科学的非人为性和人为性完全割裂开来。但他们不得不面对的难题是，第一个标准可以说明科学有效性的逻辑根基，但不具有历史合理性，第二个标准可以说明科学的历史变迁和空间传播，但无法解释科学效力的逻辑根基。因此，只要这两大阵营仍然各执一端，和解就难以达成。

不过，在两大阵营之间以及后现代主义阵营内部的不断争论中，科学实践哲学逐渐得以形成。其研究者们尽管并未直接对两种文化命题展开系统的考察，但他们的研究中蕴含了一种新的两种文化观。这为我们在新时代反思两种文化之间的关系提供了一个新的方向。

第二节 科学实践哲学视野下的两种文化

一般情况下，面对两种文化命题时，人们最直接的想法是寻求两种文化的融合路径。但是，这种思考方式的不足之处在于，人们尚未对斯诺命题本身进行反思就开始为它寻求答案了。因此，针对这一命题，我们需要考察的首先是两种文化之间是否如斯诺所言存在一条明确的界线。科学哲学中与这一命题相关的问题是划界问题，即如何在科学和非科学之间划定界线。尽管当代哲学家们对这一目标普遍持悲观态度,但并不代表他们在这一问题上就没有立场。科学实践哲学可以为两种文化命题提供三方面的启发:第一,科学观的改变,即从作为知识的科学向作为行动的科学的转变,这一转变使得两种文化命题从认识论层面进入实践层面,也就是说将关注点从科学与人文的关系转变为了科学与社会的关系;第二,研究问题的转变使得研究方法从认识论的分析转向实践考察,使得考察主题从科学与人文的融合转向现实中科学与社会之边界的建构过程;第三,进而,科学划界不再单纯是哲学家们的工作,科学家开始成为划界活动的主体。

本节我们将首先考察斯诺命题背后的一些理论预设,而后考察划界问题的当代特征,最后澄清一下这种新的划界理论能够为我们对科学的理解带来哪些新的启发。

一、斯诺命题的历史与哲学审视

斯诺命题背后实际上蕴含了一种历史说明模式,这一历史说明模式包含时间和空间两层维度。这两层内涵与哲学家拉图尔对现代性的批判性分析是吻合的。[1]

从时间角度来看,斯诺认为科学技术所代表的工业革命是人类进步的唯一可能道路,是穷人和穷国的希望。而人文知识分子天生的反知识倾向,使得他们忽视了工业革命给人类社会带来的巨大改变。由此,斯诺认为传统文化是一种封闭的文化,是无法与现代科学共存的。如斯诺所说,当工业革命来临时,英国社会仍然在按照传统模式培养年轻的知识精英,却将工业革命排斥在培养

---

[1] 布鲁诺·拉图尔:《我们从未现代过》,刘鹏、安涅思译,苏州:苏州大学出版社,2010年。

模式之外。传统文化对科学的漠视和排斥,带来了一个严重的后果,即"社会越富有,传统文化与之越远"。由此,对传统文化的改造就成为当务之急。可见,斯诺认为前工业社会与工业社会之间的割裂是本质性的,而忽视科技的人文文化是前者的代表,科学技术则是后者的代表。这种割裂发生在西方人自己身上,造成了西方人在现代与前现代之间的时间割裂。

从空间维度来看,西方人在自己身上所塑造的这种时间分割,被输出为西方与非西方社会之间的空间分割。非西方世界想要摆脱贫穷,必须抛弃旧有的发展模式,必须全盘接受西方现代科学和技术。如斯诺所言,"科学革命是绝大多数人获得基本要求(健康、不挨饿、儿童能得以生存)的唯一方法"[①]。而"非工业国家"的人们之所以"只能刚刚吃饱",其原因就在于"他们延续了自古以来一贯的工作方式,从新石器时代到现在"[②]。一个如中国这样的大国,若要实现全面工业化,只要下决心培养足够的科学家、工程师和技术专家就行了,传统文化无足轻重。[③] 因此,西方的历史实际上"讲述了一个可以在今天的亚洲(或拉丁美洲)社会复制的故事"[④]。在此意义上,现代化、西化、科学化就具有了相似的含义。

不过,从科学史和科学哲学的当代发展来看,斯诺的这种双重分割是不成立的。

[①] C. P. 斯诺:《两种文化》,陈克艰、秦小虎译,上海:上海科学技术出版社,2003年,第67页。

[②] C. P. 斯诺:《两种文化》,陈克艰、秦小虎译,上海:上海科学技术出版社,2003年,第35页。

[③] C. P. 斯诺:《两种文化》,陈克艰、秦小虎译,上海:上海科学技术出版社,2003年,第38页。

[④] C. P. 斯诺:《两种文化》,陈克艰、秦小虎译,上海:上海科学技术出版社,2003年,第69页。

从历史角度来看，以科学为标准来区分现代与前现代这一做法受到了历史学家的质疑。在思想史层面上，近代科学在其产生之初并非与前现代的非科学截然二分，相反，它们之间是相互支撑甚至相互建构的。法国科学史家亚历山大·柯瓦雷（Alexardre koyré）指出："这一科学和哲学革命——实际上，在这一过程中不可能将哲学从纯粹的科学方面分离开来：它们相互关联，紧密结合在一起——大致地可以描述为天球的破碎，即在哲学和科学上都有效的，一个有限的、封闭的和有着等级秩序的整体宇宙的消失，取代它的是一个不定的、甚至是无限的宇宙。"① 法国哲学家乔治·康吉莱姆（George Canguilhem）持坚定的规范史立场，但他仍然承认科学意识形态在科学发展的过程中起到了非常重要的作用，因而也是科学史的不可分割的一部分。科学社会史的研究更表明了这一点。英国历史学家夏平和谢弗通过对波义耳和霍布斯关于真空争论的研究，表明了在近代科学产生之初，科学是如何从传统哲学的知识生产方式中脱离出来的，这一脱离过程蕴含了很强的社会因素。英国社会学家皮克林用"语境机会主义"来指代科学研究的现实过程，其中语境是指理论与实验之间的共生关系，而机会则表明个体科学家所拥有的独特的资源支配方式，这些方式需要根据不同情形下可获取资源的相对机会来确定。在此意义上，物理学不仅仅是一项自然事业，也成了一项社会工程。② 科学之所以能够保持一种客观的外观，主要是因为科学研究完成之后，科学家对科学进行了回溯性的重构。当我们打开一篇科学论文

---

① 亚历山大·柯瓦雷：《从封闭世界到无限宇宙》，邬波涛、张华译，北京：北京大学出版社，2003年，第1—2页。

② 安德鲁·皮克林：《构建夸克：粒子物理学的社会学史》，王文浩译，长沙：湖南科学技术出版社，2012年，第8—9页。

第八章 两种文化关系的时代反思

时,我们看到的是一个逻辑的大厦,原因在于,论文并不是对科学研究过程的一个历史描述,而是围绕研究目标所进行的逻辑重构。由此,我们就可以理解为什么斯蒂芬·科里尼(Stefan Collini)会以如下方式评价斯诺命题:"'科学'只是人类文化活动的一个方面,与艺术和宗教一样,是人类社会对这个世界的看法的一种表达,同样是与政治和道德等社会的基本问题不可分离的。"[①]正是在此意义上,拉图尔才说"我们从未现代过"。

同样,西方与非西方之间的空间分割也越来越受到人们的质疑。一方面,不管对科学还是技术而言,社会都不是一个简单的容器,它们可以在其中自由穿行,相反,科学和技术在穿越文化边界时,必须对自身进行改造。美国哲学家唐·伊德(Don Ihde)称之为"技术—文化嵌入性的谱系",这一概念意在表明科学和技术都是在文化情境中获得其内涵的,太平洋岛屿上的土著居民的"货物崇拜"就是其中最为极端的例子。[②]另一方面,非西方世界的本土知识并非全然是西方科学发展的旁观者,它们有时也会对西方科学产生构成性的影响。这特别体现在西方医学、地理学、植物学等领域的发展过程之中。在比较了库页岛中土著居民的地理知识和法国科学家的地理知识之后,拉图尔说这两种知识之间的差别并不是本质性的,并非说前者对库页岛地理的了解是前科学,而后者是科学,因为后者恰恰就是在前者的基础上得以确立的。它们之间的差别只体现在量的层面,而非质的层面。如其所言,"不必将中国人的地方性知识与欧洲人的普遍知识对立起来,它们仅仅是

---

① 斯蒂芬·科里尼:《导言》,载于 C. P. 斯诺《两种文化》,陈克艰、秦小虎译,上海:上海科学技术出版社,2003年,第43页。
② 唐·伊德:《技术与生活世界:从伊甸园到尘世》,韩连庆译,北京:北京大学出版社,2012年,第124—138页。

两种地方性知识"①。由此,许多当代学者开始在一种新的科学观的观照下来重申近代科学史。例如,有学者开始使用"生物接触空间"来指代近代科学的杂合性特征,这一概念表明西方人在非西方世界所进行的科技探险,并不仅仅是两种知识的遭遇,而是夹杂了商业利益、植物运输与异地种植、治病需求、殖民扩张及其所带来的冲突等的一个杂合空间。②鉴于此,新科学就成了不同知识体系及其历史情境的产物。科学的文化非中立性,使得我们可以理解不同国家的现代性差别何以如此巨大。科里尼对此评价说,"文化和政治传统比斯诺所愿意承认的重要得多,无论是东亚经济发展的正面例子还是撒哈拉非洲的负面例子,都证明了这一点",因此,"依据不同地区的条件而引进技术,会比全盘输入西方的办法产生更好的结果"③。

斯诺所塑造的这一双重分割之所以不成立,根本原因还在哲学层面。传统科学哲学将科学视为一个纯粹的认识论概念,其目标是祛除科学过程中的人为因素,从而塑造一种客观的科学。但这种纯粹客观的科学在认识论上是难以实现的,在现实层面上又是不真实的。在此意义上,前现代与现代的时间分割、西方与非西方的空间分割,都是在一种以认知纯化为前提的科学观的基础上产生的。自然和文化是这一认知纯化过程的两个结果,因此两者都是一种人工产物,并非自然而然,"文化的观念,恰恰就是通过抹

---

① Bruno Latour. *Science in Action*:*How to Follow Scientists and Engineers through Society*. Cambridge:Harvard University Press, 1987:229.

② Londa Schiebinger. "Prospecting for Drugs:European Naturalists in the West Indies". In: Sandra Harding(ed.), *The Postcolonial Science and Technology Studies Reader*. Durham and London:Duke University Press, 2011:115.

③ 斯蒂芬·科里尼:《导言》,载于 C. P. 斯诺《两种文化》,陈克艰、秦小虎译,上海:上海科学技术出版社,2003年,第61页。

杀自然而制造的一个人工产物",甚至可以说,"不管是具有差异性的文化还是具有普遍性的文化根本就不存在,自然同样如此"。只要站在技科学的立场之上来反观两者,它们的虚假性就显露无遗,"只要将转义的工作与纯化的工作同时考虑在内,我们就会发现,现代人并没有将人类同非人类所分离,就像'他者'也没有将符号与事物混同起来一样"①。于是,现代性的这种双重分界仅仅是一种理论,在实践中并不存在。现实中所存在的都是自然和文化、社会的杂合体,在此意义上,拉图尔指出,我们一直生活在一个非现代的自然—文化之中。

因此,一方面,既然认识论的工作是虚假的,哲学家的工作就开始从实践层面来考察真实的划界活动,这样划界就从哲学家们的一项逻辑任务转变为实践考察,另一方面,既然自然和文化也是虚假的,只有非现代的自然—文化的杂合体才是真实的,两种文化的问题也就从理论层面进入了现实层面。

二、从划界逻辑到划界活动

斯诺命题的前提是认识论的,即科学与人文之间的分裂,其解决方案又是社会学的,即科学家和人文学者对待彼此的态度,而其根本立场却又是技术精英主义的,即整个社会必须为技术进步提供文化和制度保障。考虑到斯诺发表那场演讲的时代背景,甚至可以说他可能怀有一种希望,凭借科学技术跨越"意识形态"的对立从而在冷战双方之间建立某种联系。② 可以看出,斯诺命题中

---

① 布鲁诺·拉图尔:《我们从未现代过》,刘鹏、安涅思译,苏州:苏州大学出版社,2010年,第118页。

② Benjamin R. Cohen. "Science and Humanities: Across two Cultures and into Science Studies". *Endeavour*, 2001, 25(1): 8.

存在一个矛盾：斯诺的目的是要融合两种文化，但分裂既然是在认识论层面发生，那么认识论层面的融合就不可能实现；为了解决这一矛盾，斯诺将问题进行了转换，从而寻求了一种社会学的解决方案，进而其科学主义立场才能实现。

斯诺命题的认识论前提的成立，是由传统科学哲学的划界工作来保证的。划界问题的目标是区分科学和非科学，但其核心在于对待科学的人为性和非人为性的。传统科学哲学的认识论进路通过"发现的语境"与"辩护的语境"的二分，从而试图在"辩护的语境"中将科学发现过程中所存在的偶然性和情境性排除掉，从而塑造一种"没有认识主体的认识论"。这一认识论立场为科学哲学家和科学社会学家之间的任务分工奠定了基础。哲学家们负责为正确的科学寻求客观基础，社会学家们则为错误的科学寻求偶然的社会成因。但正如上一节所强调的，由于科学不仅仅是一项在认识论层面上认知自然的事业，同时也是一项在人类社会情境中展开的工作，因此，当科学哲学家试图通过对科学研究过程的逻辑重构来消解科学的社会维度的时候，他们实际上仅仅关注了科学研究的部分维度。库恩的工作向我们表明，科学家进行理论的选择与评价时，并非仅仅按照哲学家们所划定的认识论规则，很多时候他们所拥有的研究传统、研究方法、价值倾向等也都起到了非常重要的作用。正是在此意义上，哲学家劳丹对传统科学哲学的划界工作做了一个总结。他说，"通常所言的科学活动和科学信念具有明显的认知异质性，这警醒我们，寻求某种认知版本的划界标准的努力很可能归于失败"，因此，"科学与非科学之间的划界问题是一个伪问题"①。这里需要注意的是,尽管劳丹说划界问题是一个伪问题,但这并不意味着劳丹彻底否认了科学和非科学之间的区分,他的意思是我们难以找到一个超脱于具体情境的逻辑标准,就如波普所做的那样。实际上,劳丹所要求的是一个更具包容性的划界标准,"如果我们(如某些社会工作者轻易地所做的那样)接受对合理信念范围横加限制的素朴的合理性理论,那么不合理信念的范围——因而也就是社会学的范围——就会变得很大。相反,如果我们接受一个更为丰富的合理性理论,那么许多信念就变成了'内在的'了"②。劳丹这一呼吁的实质在于如果要为科学和非科学之间的分界寻求一条先验的、绝对的、祛情境的标准,是不可能的;如果硬要这么做,其结果很可能是导致相对主义的泛滥,因为他们将会有大量的资源可用,而这些资源本来是可以划归科学一侧的。

循着劳丹的思路(这只是在逻辑意义上而言),实践哲学的研究者们开始将视野转向科学史与科学研究的现实实践,以期能够从科学家的具体划界实践中找到对划界问题的解决方案。这就意味着划界问题开始从划界的逻辑走向了划界的活动。

在实践中,科学"并非单一之物:其边界总是以灵活多变并时而含混不明的方式划定和重新划定"③。因此,划界活动所关注的

---

① Larry Laudan. "The Demise of the Demarcation Problem". In: R. S. Cohen, L. Laudan(eds.), *Physics, Philosophy and Psychoanalysis*. Dordrecht: D. Reidel Publishing Company, 1983: 124.

② 拉瑞·劳丹:《进步及其问题》,刘新民译,北京:华夏出版社,1999年,第210页。

③ Thomas F. Gieryn. "Boundary-Work and the Demarcation of Science from Non-Science: Strains and Interests in Professional Ideologies of Scientists". *American Sociological Review*, 1983, 48(6): 781.

核心是，科学的边界是如何成为一个历史变量和社会变量的。也就是说，科学的边界要随着历史的推移和社会情境的转换而有所不同。爱因斯坦给出了科学家划界标准的经典表述："从一个有体系的认识论者看来，他（科学家）必定像一个肆无忌惮的机会主义者：就他力求描述一个独立于知觉作用以外的世界而论，他像一个实在论者；就他把概念和理论看成人的精神的自由发明（不能从经验所给的东西中逻辑地推导出来）而论，他像一个唯心论者；就他认为他的概念和理论只有在它们对感觉经验之间的关系提供出逻辑表示的限度内才能站得住脚而论，他像一个实证论者。就他认为逻辑简单性的观点是他的研究工作所不可缺少的一个有效工具而论，他甚至还可以像一个柏拉图主义者或者毕达哥拉斯主义者。"[①]爱因斯坦的这段表述恰恰表明了，科学家在"什么是科学"这一问题上的立场是多变的。

具体而言，依据界线划定方式的不同，科学家的划界活动可以被区分为文化划界、政策划界和物质文化划界三个层面。当然，将划界活动区分为这三个层面，只是为了表述的方便，而并不是说同一科学家会在不同情形下坚持同一划界原则，也不是说这三个方面之间毫无关联。

文化划界，是指科学作为一种文化、制度或权威的认知方式，所可能达到的范围。显然，科学在我们这个世界中是有边界的，某种科学观点可能在某一科学家群体内得到认可，在其他的科学家群体、政策制定者或公众中间却不一定得到认可，因此，科学家的任务便是扩展这一边界。例如，当某种新的认知方式刚刚开始出

[①] 爱因斯坦：《爱因斯坦文集》（第一卷），许良英等编译，北京：商务印书馆，2012年，第643页。

现的时候,可能会引发其知识合法性的争议,科学家工作的目的便是减小争议、扩展边界。就如在波义耳和霍布斯有关"真空是否存在"的争论中,波义耳综合使用物质技术、书面技术和社会技术以便扩展实验型知识生产方式的合法性边界,从而将霍布斯的哲学知识的生产方式从实验哲学中排除出去。① 牛顿在其《自然哲学的数学原理》总结了科学研究的四个规则,他将之命名为"哲学中的推理规则":规则一,"寻求自然事物的原因,不得超出真实和足以解释其现象者";规则二,"因此对于相同的自然现象,必须尽可能地寻求相同的原因";规则三,"物体的特性,若其程度既不能增加也不能减少,且在实验所及范围内为所有物体所共有,则应被视为一切物体的普遍属性";规则四,"在实验哲学中,我们必须将由现象所归纳出的命题视为完全正确的或基本正确的,而不管想象所可能得到的与之相反的种种假说,直到出现了其他的或可排除这些命题、或可使之变得更加精确的现象之时"。② 可以看出,如果说波义耳的工作更侧重于为自己的知识寻求合法性辩护的话,那么牛顿的工作则更侧重于为新的自然哲学在方法论上确立一个工作的范围。再如,当某种知识体系或知识生产方式进入一种陌生的文化领域时,它首先要做的就是确立自己这一知识生产方式的合法性,它同样需要对自己的边界进行适当的调整,以便能够得到主流知识生产方式的认可。例如,美国医学教育家胡美记述了他在中国行医的三个病例,这三个病例表明了西医这种知识生产方式在中国所经历的认识论合法地位的变迁。第一个病例大约发

---

① 史蒂文·夏平、西蒙·谢弗:《利维坦与空气泵》,蔡佩君译,上海:上海人民出版社,2008年,第23—74页。
② 伊萨克·牛顿:《自然哲学之数学原理》,王克迪译,袁江洋校,西安:陕西人民出版社,2001年,第447—449页。

生在 1908 年，胡美先模仿中医把脉而后以西医施治，但他的把脉方式受到了病人的质疑，病人拂袖而去；第二个病例发生在 1915 年，胡美已经学会了正确的把脉方式（仅仅是表面上正确），从而顺利施治；第三次发生在 1926 年，在给北伐途中的蒋介石检查口腔时，他完全略去了把脉环节，直接采用了西方的诊疗方式，蒋介石并无质疑。胡美的这三次诊断经历表明了，西方医学作为一种外来医学在中国的知识合法性地位的变迁历史。显然，弱小的或新生的知识生产方式往往会通过模仿主流知识生产方式来获取合法性，初入中国的西医是如此，而今天的中医也是如此。事实上，西医和中医这两个称号，就反映出两者地位的变化历程。因此，科学的边界是具有历史性的。当然，依据其前提和目标，科学的文化边界的扩展，我们也可以将之再细分为初创型、拓展型、竞争型和防护型等不同类型。

政策层面的划界，是指科学通过进入公共政策从而获得政策合法性的划界活动。近代早期的科学研究往往以获得关于世界的终极知识为目标，因此，哲学家们很自然地将划界的范围界定在了认识论；而今天的科学大多以现实应用为导向，在此意义上，当代科学都是技科学，进而，对于科学家来说，科学研究的一个很重要的目的是成为在政策层面上可接受的科学。如果一位科学家所从事的研究，最终在政策层面上被界定为不可接受的，那么，它就只能成为科学家在实验室内的自娱自乐，难以实现其功能和目标。从另外一方面来看，考虑到科学对当代社会的基础性影响，公共政策也越来越多的寻求科学的支持。这样就形成了科学政治化和政治科学化的趋势。在科学政治化的过程中，由于科学家、政策制定者、利益相关群体之间的竞争以及媒体和公众等对这些竞争过程的介入和干预，科学和政策都会受到这一竞争机制的影响而不得不进行持续性的边界重构。这种持续性重构的目标是达成一种政策上可接受的科学和科学上所认可的政策。因此,"每一个带有冲突的利益集团都指望科学来提高他们的政治地位",同时,"在许多情况下科学已经成了政治议程进行市场竞争的一种机制,而科学家则成了推广运动的领导成员"[①]。这一划界模式在涉及环境、生态、公共卫生、食品安全等与公众生活息息相关的领域时(尽管并非仅限于这些领域),会更加明显。

实践划界的第三个层面是物质文化划界。与文化划界更多关注科学在社会中的文化边界扩展不同,物质文化划界则更多考虑科学的有效性边界的扩展。或者说,物质文化划界实际上是对传统认识论划界模式的本体论改造。这一划界模式的核心是将科学的历史性和有效性结合起来。相对主义者仅仅将科学的效力归结为库恩所说的范式或者布鲁尔所说的社会,无助于这一问题的解决。为解决此问题,哲学家们开始提出物质文化的概念,试图将科学研究的物质维度和文化维度、自然维度和社会维度结合起来。科学研究的物质文化边界包含了实验室内的物质层面(如实验材料、实验仪器等)、观念层面(如理论、概念、问题等)、文化传承层面(范式、方法等)、形式层面(数据、解释等)等。在此意义上,科学并非由某一方面单独决定,实证主义所看重的物质维度和社会建构主义所侧重的社会维度,都无法单独承担解释科学的重任。科学是由各种维度共同决定的,它所代表的是各种因素之间的一个稳定结构。这种稳定结构的达成和维持,便是科学的有效性得以产生和扩展的基础。当科学走出实验室时,并非仅仅是科学的结论

[①] 小罗杰·皮尔克:《诚实的代理人:科学在政策与政治中的意义》,李正风、缪航译,上海:上海交通大学出版社,2010年,第10、108页。

得到了扩展,科学最初被制造出来的情境同样得到了扩展。这样,科学在实验室外的有效性就也得到了说明,这就是技科学相对于传统的科学和技术概念的优势所在。由此,科学是地方性的,因为它是在具体的实验室内被制造出来的;同时又是全球性的、普遍性的,它可以扩展到地球上每一个角落,只不过这种全球性和普遍性不再是无条件的先验普遍性,而是有条件的经验普遍性。正是在此意义上,拉图尔说"区分科学之好坏的试金石,并不在认识论而在本体论,并不在语词而在世界之中"[1]。

总结而言,科学的文化边界目的是要确立一种被社会文化所认可的知识生产方式,科学的政策边界强调的是一种在政策或公共决策层面可接受的知识,而物质文化边界则是要确立一种在哲学层面上可以为有效性提供解释的知识。

三、作为杂合体的科学

上述讨论可见,科学并非客观世界的纯粹知识,而是一种杂合之物;它与文化、社会之间也并非全然二分,而是相互交织、相互界定。承认科学的这种非纯粹性,并非就是要取消科学,而是要在真实的科学实践的基础之上来反思与科学相关的一系列问题。第二章实际上已经对此进行了详细的考察。在此,我们只对与斯诺命题相关的几个问题进行概要讨论。

第一,承认科学知识的地方性和普遍性之间的关系,能够更好地处理科学实践过程中所遭遇的一些难题。例如,拉图尔对巴斯德炭疽疫苗案例的考察表明,注意到科学知识的物质情境性,是发

---

[1] Bruno Latour. "Stengers' Shibboleth". In: Isabelle Stengers, *Power and Invention*. Minneapolis: University of Minnesota Press, 1997: ix.

挥科学效力的前提。巴斯德的炭疽疫苗对预防发生在牲畜身上的炭疽病具有良好作用,但是,同样的疫苗在德国和意大利发生了不同的效果,在德国有效,而在意大利无效。出现这种反差的原因就在于,意大利人仅仅带回了疫苗,而德国人却同时进行了消毒、分类、清理等程序,从而将农场改造成了一个简易的实验室,进而保证了疫苗的效力。可以看出,如果把科学仅仅当作一个毫无前提和条件的普遍之物,是难以充分发挥科学的作用的。此外,当科学走出实验室时,也要注意到新环境中的情境性因素,并在此基础上对科学本身进行重构以适应新的情境。英国社会学家布赖恩·温(Brain Wynne)给出了一个经典案例。1986年,苏联切尔诺贝利核反应堆爆炸所释放的放射性物质给英国坎布里亚地区带来了严重的污染。这一地区的农民主要以养羊为生。英国科学家最初告诉农民,含有放射性物质的降雨没有危害,这些雨水甚至是可饮用的,农民们所牧养的羊也没有受到污染。但一个月之后,科学家们所进行的检测表明,羊体内的放射性物质仍高于欧洲干预水平,进而科学家做出了为期3周的禁令,并向农民保证,3周之后就可恢复正常。然后,又过了一个月,科学家基于铯的生物半衰期(21天)而做出的断言,又被证明是错误的,羊体内的放射性物质仍然在干预水平以上。科学家们的预测为何会失败呢?这并不像当时某些媒体和当地的某些农民所猜想的那样,科学家和政府具有隐瞒事实真相的主观意图。原因在于,科学家所使用的分析模型是基于碱性黏质土壤做出的,而坎布里亚地区的土壤却是酸性泥炭有机土壤。在前一种土壤中,铯原子会被硅酸铝吸收到硅酸盐中,接着就被固化了,这样就不可能出现二次污染;而在后一种土壤中,铯仍然具有化学和生物学意义上的活性,因此,放射性物质通过植物进入了羊体内。由此可见,科学的地方性和普遍性在实践中都是一种有条件的结合,如果这种条件被破坏了,地方性就难以获得普遍性了。不仅如此,温的这一案例也反映出了另外一个重要问题,不同科学共同体之间的边界的存在,使得它们之间缺乏交流,最终也会影响到科学的实践效果。20世纪60年代,英国农业研究委员会曾经组织一批科学家对坎布里亚核污染情况进行了一次调查,以考察坎布里亚是否受到了1957年英国温士盖核泄漏事故的影响。这些农业科学家们的报告指出,放射性铯在酸性泥炭有机土壤中的活性要比在碱性黏质土壤中高得多。但农业委员会的这些调查后来被归入了由联合国组织的一项更为庞大的研究之中,也就脱离了后来的那些科学家(主要是物理学家)的视野。在此意义上,不同科学家群体之间确实会存在着一种社会学意义上的认知界线,这种界线的存在使得彼此忽视甚至无从得知彼此的工作,这会对现实的科学实践带来非常重大的影响。上述案例中,科学家们的主观意图都没有问题,但共同体边界的存在,使得他们忽视了彼此的工作,从而带来了决策上的重大失误。①

第二,认识到科学的杂合性,对于科技政策的制定具有重要指导意义。在科技与政策的关系问题上,传统立场主张将之分为两个部分和两个阶段:第一阶段是科学评估,由科学家负责;第二阶段是政策评估和决策机制,由政府中的政策制定者负责。这一立场的哲学基础是四种形式的科学例外论:知识论的例外论、柏拉图式例外论、社会学例外论、经济例外论。② 这几种例外论的基本前

---

① 布赖恩·温、大卫·凯里:"科学知识与政治:大卫·凯里对布赖恩·温的访谈",王荣江译,刘鹏校,《淮阴师范学院学报》,2015年第4期,第442—449页。

② 布鲁斯·宾伯、大卫·H. 古斯顿:"同一种意义上的政治学——美国的政府与科学",载于希拉·贾萨诺夫等编《科学技术论手册》,盛晓明等译,北京:北京理工大学出版社,2004年,第425—428页。

提都是主张科学与政治、社会之间的二分,然后试图在客观科学的基础之上塑造客观的政策。这样就形成了一种关于科学与政府关系的契约模型:政府为科学研究提供经费支持,科学家的研究是自治的,其任务是推进客观知识并为政府决策提供客观建议。这种模型忽视了科学和社会之间的复杂纠缠。因此,甚至科学家们也指出,"他们所做的工作并不是任何通常意义上的'科学',而是一种结合了科学证据因素和用大量社会及政治判断进行推理的活动"[1]。因此,在不同的国家和制度之下,"同样的科学事实和技术产品往往会引起不同的政治反应"[2],进而,政治对一种政策上可接受的科学的影响是构成性的。这一事实要求合理的科学决策必须关注三个层面。第一,科学决策不能被划分为科学和决策两个过程,考虑到科林格里奇困境的存在,科学家和决策者的作用必须贯穿科学研究和决策过程的始终。第二,决策过程必须保持开放性,决策不单纯是科学家和决策者的事情,它要求公众、媒体等的参与,但这种参与并不等同于一种彻底平等的民粹主义,决策过程的参与者仅仅在参与权上是平等的,但决策权不能彻底民主化。当然,这个问题是非常难处理的。第三,要关注到科技政策对科学技术的重构作用。在某些情况下,科技政策的目的在于为某种可行的科学技术手段提供政策标准,这就会不可避免地导致科学的政策可接收性具有了历史性,进而科学本身也就具有了历史性。例如,中国2006年颁布的饮用水标准GB5749—2006比旧版标准增加了71项检测项目,这就意味着旧有的自来水生产、储存和输

---

[1] 希拉·贾萨诺夫:《第五部门:当科学顾问成为政策制定者》,陈光译、温珂校,上海:上海交通大学出版社,2011年,第319—320页。

[2] 希拉·贾萨诺夫:《自然的设计:欧美的科学与民主》,尚智丛等译,上海:上海交通大学出版社,2011年,第408页。

送技术将会成为非法的,也就是说,相关技术必须进行自我重构,才能成为一种"合法的"科学。于是,科学的认识论边界被政策边界所取代。

第三,认识到科学的社会维度,对于欠发达国家和地区的现代化进程也具有重要价值。新中国成立以来,我国在科技现代化的进程中取得了巨大成就,但也积累了一些经验教训。例如,在云南哈尼族地区,人们普遍种植梯田水稻,但在现代农业看来,哈尼人的梯田水稻是非常不科学的。现代农业要求在水稻生长过程中必须进行排水晒田,这一做法有助于水稻根系的发达,从而预防倒伏并提高结实率。同时,哈尼人只种一季水稻,也就是说,大部分时间梯田处于满水空置状态。基于此,地方政府和农业科技人员主张在哈尼地区推广小麦种植。但这一做法给哈尼人带来了巨大损失。因为水被排空后,土地因太阳照晒而干裂,当再次灌水时很有可能致使田埂漏水并最终导致梯田大面积坍塌。出现这一问题的根本原因在于,农业科技人员将平原地区的水稻种植经验无差别地推广到哈尼地区,没有注意到平原水稻种植和山区水稻种植的差别。同样,哈尼人对农药和肥料的排斥,也是与哈尼人所处的自然环境、独特的生活习惯和社会历史文化背景联系在一起的。如果没有注意到现代科技的局限性和地方性,而片面地以某一地区的科学经验来对传统自然知识进行现代化的改造,很可能会得不偿失。[①] 此外,三门峡水利枢纽工程的修建,也为我们提供了惨痛的教训。[②] 因此,现代科技的推广,同样要注意因地制宜,要在不

[①] 严火其:《哈尼人的世界与哈尼人的农业知识》,北京:科学出版社,2015年,第266—273页。

[②] 郭贵春主编:《自然辩证法概论》,北京:高等教育出版社,2013年,第62—63页。

同文化、不同地区的自然环境和社会文化环境的基础之上发展现代科技。这些教训似乎使我们看到了全球化的一个内在张力：一方面，全球化意味着标准化、统一化，另一方面，全球化中又蕴含着差异性和多元性。只要我们认识到科学所具有的是一种有条件的普遍性，那么，全球化的这个悖论就可以在一定程度上得到解决。

扩展阅读

卢梭:《论科学与艺术的复兴是否有助于使风俗日趋纯朴》,李平沤译,北京:商务印书馆,2011年。

C. P. 斯诺:《两种文化》,陈克艰、秦小虎译,上海:上海科学技术出版社,2003年。

布鲁诺·拉图尔:《我们从未现代过》,刘鹏、安涅思译,苏州:苏州大学出版社,2010年。

思考题

1. 近代以来,随着科学的发展,为何会出现对科学的反思思潮？
2. 从斯诺所处的时代背景出发,思考斯诺命题为什么会产生如此大的反响？
3. 结合"技科学"这一概念,谈谈你对两种文化命题的当代内涵的看法。

第九章　STS 与通识教育

相较于传统科学哲学，STS 的最大不同在于其跨学科的研究视角和经验主义的考察方法。事实上，科学作为人类社会一种独特的历史现象，其作为研究对象的身份，并未预设某种研究方法，因此，如果将研究视角局限于一隅，尽管可以对此一隅的特征进行深入挖掘，但也可能会导致对科学的其他维度的学科性"失明"。在此意义上，STS 的跨学科视角和经验主义方法的核心目的是将科学和技术放置到现实的社会实践中来理解，力求展现出最为真实的科学。进而可以说，STS 天生就是一种通识教育。

第一节　从科学教育到 STS 的通识教育

STS 的通识教育源于 20 世纪 50 年代，它当时面临的社会问题是"二战"后部分科学家发起的帕格沃什运动、环境意识的兴起、女性解放运动等。而在当下，STS 的教育更关注于转基因食品、人类基因组计划、克隆人与全球变暖以及由此带来的科学的信任危机。STS处于自然与社会、科学与文化的交叉点上,是沟通科学与人文的有效工具。STS的教育目标在于培养具有健全人格和强烈社会责任感的人才。

一、科学的专业教育与人的"异化"问题

我们一直生活在一个高度专业化的时代。在这个时代,学生的成功之路往往在于选择一种专门化程度较高的职业,然后去做一个科学家、成为工程师或医生等。在一个流动性较强的社会结构中,专业身份是学生提升其未来社会地位的基础。大学中有关自然科学的专业教育的主要目标是训练未来的专家。理工科学生将大部分时间与精力用来系统地学习由历史传承下来的科学事实、理论与技能。理工科大学生中有一种较普遍的看法,即主修课(特别是数理化)以外的文化素质课或通识课被视为教育体制强加给他们的包袱。因此,科学的本性、某学科的历史发展、科学的历史、科学与社会、自然与文化、事实与价值的关系等,较少得到他们的关注。

然而,专业课程所传授的理论与技能常常由深奥的行话所组成,这堵专业高墙将专家与社会或他人隔离开来。A. N. 怀特海(A. N. Whitehead)曾深刻揭露出这种专业化的弊病:"17世纪终于产生了一种科学的思维体系,这是数学家为自己运用而拟定出来的。数学家的最大特色是他们具有处理抽象概念,并从这些概念演绎出一系列清晰的推理论证的才能。……但这般玩弄抽象概念并不能克服17世纪科学思想方法中的'具体性误置'所引起

的混乱。"[1]"具体性误置"的错误是指,把抽象的理论、数学或逻辑结构误认为真实的实在。这种错误会导致人的异化。这种思维方式就是要使科学家摆脱平庸世俗的生活世界,沉溺于欧几里得式的抽象堡垒之中。这件数学和数学化的自然科学的柏拉图式的外衣,使人们"不再进一步追问伽利略和他的后继者在数学化的构造中所希望的是什么,以及他们所进行的工作的意义何在。生活世界成为被自然科学遗忘了的意义基础"[2]。在这一抽象的理念世界中,文艺复兴时期达·芬奇式的巨人也不复存在。在当代,一位物理学家往往对现代历史一窍不通,与现代音乐和诗歌格格不入,说不出几种植物或动物的名称。反过来,一位历史学家会将量子力学中的薛定谔方程视为天书。这里潜藏着学术界未来发展的致命危机。每一门具体的学科的确都在发展,但都在自己所属的那一分支上爬行,各学科之间渐行渐远,隔阂日益加深。每个人都局限于一隅,很难与圈子外的他人进行思想交流,终其一生可能只会在一套极为狭窄的抽象理论中思考度日。而这套抽象理论所赖以生成的现实世界,他可能会越来越疏远,越来越难理解。实际上,任何抽象的理论都不足以包容丰富多彩的现实世界。这种过于专业化的训练使得近代的知识禁欲主义取代了中世纪知识分子的禁欲主义。人成了专业化分工的奴仆。职业,尤其是知识分子的专业成为其基本的象征与符号。他们所理解的只是与其专业有关的某一局部或者某种抽象,无法看到全局。至于人的其他方面,则有可能完全被抹杀掉了。如雨过天晴后,天空出现一道光彩夺目的

---

[1] A. N. 怀特海:《科学与近代世界》,何钦译,北京:商务印书馆,1997年,第54页。

[2] 胡塞尔:《欧洲科学危机和超验现象学》,张庆熊译,上海:上海译文出版社,1988年,第58页。

彩虹,但物理学家有可能想到的只是其中蕴含的数学物理方程,彩虹所呈现出来的那种令人陶醉的美,在物理学家的眼中已被方程屏蔽掉了。这是人性的异化。如果教育仅仅注重一套抽象的数学概念,那就会扼杀许多人性中最为根本的东西,如对自然的审美情怀等。怀特海说道:"我个人对传统教育方法的批评是:过于偏重知识的分析和求得公式化的材料。我的意思是:我们没有注意培养一种习惯,对于发生态价值充分发生交互影响的个别事实作具体的认识。我们所强调的只是抽象的公式,而抽象的公式则不管这种价值的相互影响。"[①]也就是说,这种"数学化"使事实和价值发生了分离,导致科学家容易忽视科学得以起源与发展的生活世界。除此之外,它还有可能导致人性的异化,使得人们无法正确地理解科学的意义,同时还会致使伦理和价值判断失去对科学的约束力。

科学的专业化教育之基本理念源于逻辑经验主义。受英美传统哲学的影响,逻辑经验主义把科学视为"书本知识",认为科学只能由陈述或陈述的集合所构成,还把陈述区分为观察陈述与理论陈述,反映出作为理性知识的二元结构。如何确立这两种陈述之间的联系,便是科学哲学研究的中心——科学方法论问题。科学方法论热衷于概念分析,关注符号逻辑或形式语言中的科学方法与理论的重构。科学史大部分为认知史,关注于科学理论本身的逻辑重构。正是这种形式或逻辑的方法使得科学享有认识论上的特殊权威,因为它是一种客观的、理性的探究方法。所谓客观的、理性的,是指科学哲学"思考过程的起点和终点之间建构某些合理

[①] A. N. 怀特海:《科学与近代世界》,何钦译,北京:商务印书馆,1997年,第189页。

的逻辑演算,以取代真实的联系。认识论上所考虑的是真实过程的逻辑代替物"[1]。这种逻辑替代物就是对科学理论的"逻辑重构",即科学理论的逻辑结构以及理论和证据之间的逻辑联系,才是科学的本性。在主流科学哲学中,科学的本性属于文本中呈现的"辩护的语境",而不是研究过程中展现的"发现的语境"。科学哲学家通常轻蔑"发现的语境",认为后者不过"是一种管理或后勤工作",一种由心理、社会等因素构成的非理性的大杂烩。他们要将这"一地鸡毛"从科学本性中清除出去,以保证科学的客观性或真理性。这就是所谓自然与社会、事实与价值、认知价值与非认知价值的分离。科学的目标就是"对中性公式系统的探索,对摆脱了历史语言残痕的符号语言的探索以及对一个总概念体系的探索"[2]。"它以应用某一种方法为标志,就是逻辑分析。科学致力的目标是通过把逻辑分析方法应用于经验材料而达到统一的科学。"[3]

二、从专业教育到哈佛大学的科学史教育

自20世纪50年代起,为弥补过度专业化训练所带来的问题,不少科学家与教育家开设了通识教育课程,期望提供一种协调与平衡的力量。通识教育的起点是时任美国哈佛大学校长的柯南特等人所撰写的《哈佛通识教育红皮书》。该书认为,有关科学专业

---

[1] Hans Reichenbach. *Experience and Prediction*. Chicago: The University of Chicago Press, 1938: 5.
[2] O. 纽拉特:"科学的世界观:维也纳小组——献给石里克",王玉北译,《哲学译丛》,1994年第1期,第38页。
[3] O. 纽拉特:"科学的世界观:维也纳小组——献给石里克",王玉北译,《哲学译丛》,1994年第1期,第40页。

教育的课程通常只提供科学大厦中的某些砖块,为了让学生对科学及其意义具有更加充分的理解,必须要以另一类课程——通识课作为补充。通识教育与专业教育并不冲突。专业教育向学生传授做什么和怎样去做,通识教育向学生传授需要做什么与为什么需要。通识教育是对科学发展的历史、科学中各学科之间、科学与社会之间有机联系的理解和认识,旨在把学生培养成全面的、具有学术或社会责任感的公民,从而赋予专业教育以意义。因此,通识教育不仅为学生选择专业提供了充分的根基,而且还为学生发展其专业潜质提供了丰富的历史、文化与社会语境。专业化只有在更广阔的通识文化中才能践行其主要目的与价值。"通识教育是一个完全的、整合的有机体,专业教育是有机体的一个器官,它在有机体的整体范围内完成特殊的功能。"[1]通识教育就是培养行动中的智慧,使学生成为社会生活的主人。专业化会强化不同群体的隔阂,一个领域内的专家很难与其他领域内的专家进行沟通,因为他们把握的是两种不同的范式或语言。然而,专家为了履行其作为公民的责任,必须能够以某种方式从整体上把握现实生活的复杂性。现实生活要求专家具有适应不同情境、处理各种复杂群体关系的智慧。随着知识经济的到来,技术创新也在加速,学生在学校里接受的专业训练,在其准备找工作之时,或工作一段时间以后就会显出不足,需要不断更新以适应新的挑战。教育的目的不仅要使学生掌握某些特定的专业知识与技能,而且还要使学生成为把握普遍技艺的行家。

在《哈佛通识教育红皮书》一书中,柯南特等人提出了关于自

---

[1] 哈佛委员会:《哈佛通识教育红皮书》,李曼丽译,北京:北京大学出版社,2010年,第44页。

然科学的通识课程,一门是物理学基本原理,一门是生物学基本原理。这也是后来大学中流行的"自然科学史"或"自然科学概论"这两门课的原型。柯南特等人认为,这两门课程应当向学生传授一种洞悉物理学基本原理、生物学基本原理以及自然科学本性的能力。这些课程应当向学生传授某些综合的观点,传授科学的方法或概念的发展史。这些课程应通过案例来说明近代科学知识不断前进的历史轨迹。借助科学的进步史展现逻辑分析、观察与实验以及充满想象力的洞见是如何融为一体的。然而,《哈佛通识教育红皮书》一书所持的也是逻辑经验主义的立场。如在讨论通识教育与专业教育的区别时,作者说道:"无论在什么学科领域中,都不在教学内容上,而在方法和观点上……那种把事实从其背景中分离出来并在完全孤立的状态下加以处理的方法互换。"[1]"自然科学研究那些能够被测量的东西,它借助形式逻辑和数学去研究对象,然后通过研究对象的本质来判断其是否真实。"[2]正因为如此,这种通识课只是自然科学发展内史或"理性重构史"的一种宏大叙事,是对专业教育的一种补充,无法从根本上解决专业教育所带来的问题。它忽视了科学活动之生活世界的起源或价值的意义,这些意义不仅源于科学的理论史,还源于科学得以生成与发展的物质—社会的文化情境。这些情境并非外生变量,而是与自然、逻辑结合在一起,共同编织出科学发展的历史。在科学实践哲学的影响下,科学史家开始用历史的内在生成与演化的观点去考察科学史,从自然与社会、非人类与人类的相互共舞过程去理解科学史。

---

[1] 哈佛委员会:《哈佛通识教育红皮书》,李曼丽译,北京:北京大学出版社,2010年,第43页。

[2] 哈佛委员会:《哈佛通识教育红皮书》,李曼丽译,北京:北京大学出版社,2010年,第46页。

在这种理解中,数学或逻辑的方法,并非是一个外生的变量,一种预备的解释性框架,从而主导着科学史的发展。相反,它只是建构科学的实践工具之一,这种"工具"只能内生在科学的历史之中,在历史所造成的机遇之中,与其他各种异质性因素(如自然、仪器与社会)交织在一起,因"势"利导地编织出科学的历史长卷。

三、从科学教育到 STS 教育

STS 的通识教育旨在探索科学技术与社会之间的关系,促进学生适应社会生活,鼓励批判性精神、逻辑推理与伦理判断,帮助学生理解科学与社会之间相互塑造的文化与价值。大学生,无论其专业是理科还是其他学科,都应该学会从社会层面上来理解科学技术。

20 世纪 80 年代后,随着科学实践哲学的兴起,哲学家开始把研究的视角从科学文本转向科学实践,引发了对科学合理性的跨学科研究。STS 源于对传统科学哲学的反思。在科学成果的有效性和合理性问题上,"实验"这一概念一直承担着科学哲学中的解释重任,它为"科学方法"的运用与科学理论的产生提供了一种解释框架。科学哲学把"实验"界定在辩护的语境中,选择从方法论的角度来界定实验:实验的设计、全盲和双盲的程序、理论的检验、要素的隔离和实验的重复,所有这些概念都与实验有关。实验的优势在于:可以分离出各种变量,并对每个变量进行独立的检验、可以与控制组的结果进行比较、通过"他人"的重复检验以避免实验人员的偏见和主观期望。由于有了这样一套界定实验的方法论,人们很容易忽视科学活动得以发生的实际过程。

然而,当我们把科学视为一种实践,而不仅是一种文本时,"实验"的概念就转变为"实验室"的概念,这开辟了一个哲学方法论力所不能及的新研究领域,把人们的目光从方法论转向了科学的文化活动。实验室活动使得那些从事科学的社会研究的学者能在更广阔的情境中思考科学的技能性活动。实验室所研究的对象,通常并非是那些纯粹存在于自然界的对象。实验室常把对象带回"家",并"以自己的独特方式"来操作它们。田野中成片的作物向实验室中细胞培养的转变,会缩短并加速观察的过程,无须等待事件出现的自然周期,并且这些培养也独立于季节或天气的变化。"于是乎,自然秩序的时间尺度便臣服于社会秩序的时间尺度,科学产品本身被看作文化存在,而不是科学所'发现'的自然给予。"[1]实验室不仅干预了自然界,而且还深深地涉入社会。

"被带回家"的过程会受制于社会秩序的地方性条件。带何种自然物回实验室?建构何种技科学产品?除了纯粹学术的考量外,还存在着外部的社会或经济的导向,特别是在当下知识经济的年代,科学的、技术的、社会的、经济的和政治的等不同群体都介入了实验室研究,因此其设计技术的方式就会出现某种可塑性。

20世纪80年代以前,知识产权的观念一直被学院科学所排斥,因为它违反了科学的基本理念——无私利性。学院科学通常是指大学或由公共基金资助的研究院所从事的纯科学研究。20世纪90年代以后,随着冷战的结束,学院科学开始转向商业化,通过知识产权、创新专利、版权与许可证等机制来实现盈利,以维持其科学研究。这种创业型科学具有两个引人注目的特征。首先,它并非只是把科学知识视为一面反映世界的镜子,而主要把它视为一种改变世界的力量。科学、技术与社会形成了一张无缝之网,

---

[1] 希拉·贾萨诺夫等编:《科学技术论手册》,盛晓明等译,北京:北京理工大学出版社,2004年,第112页。

也就是说，在这些领域中，基础科学与应用科学、科学与技术、认知与文化、发现与发明等之间的传统界线都消失了。其次，它把科学视为一种实现功效目标的实践方式，社会与经济利益、目的与目标制约着创业型科学的发展。正如一只体型娇小但具有应用导向的致癌鼠就将大财团、世界一流大学与美国政府紧紧地捆绑在一起，成为工业—大学—政府的"共生体"。致癌鼠是一种转基因鼠，即由动物和人的基因结合而成的一种人工产品，它开始消解自然与社会、事实与价值、人与物、科学与技术、知识与权力之间的传统分界。

致癌鼠案例表明，科学对象不仅是在实验室中通过"知识与技能"制造出来的，而且不可避免地服从于经济或政治解释。例如，对科学对象的解释可以通过科学论文中随处可见的说服性的文字技巧，通过科学家建立同盟和调动资源时所使用的政治策略来实现。这就使"磋商"这一术语的意义突现出来。参与磋商的有哪些群体？当然，首先要包括科学家群体，但也包括提供资金的机构、仪器和材料供应商、投资者、科学行政部门或政府部门，等等。上述实验室研究已经表明，外部的行动者在这些磋商中扮演着某些重要角色，这就使得科学结果具有某种程度上的可塑性。

上述 STS 的案例研究强调科学研究的社会情境性，STS 通识教育的意义在于：

第一，有助于培养学生的有效思考能力。当然，这首先意味着逻辑思考能力，即从前提中抽象出正确结论的能力。然而，有效的思考还包括对复杂的动态情境的理解。在思维不能违反逻辑规律的前提下，人们要学会运用精确的数学或逻辑推理之外的一些技巧。如在社会生活的许多领域中，解决问题的证据往往是不充分的，而且可能永远都是不充分的。专业化教育使人们习惯于处理那些能够从事物的整个背景中抽象出来的概念或确定性特征。然而现实情况是，许多科学事实，特别是在现代的创业型科学阶段，则具有强烈的情境依赖性，是不可预知的，所涉及因素可能不计其数，它们之间的关系复杂到无法进行精确的计算。在处理这类事实时，我们就需要 STS 的跨学科的"情境思维"（thinking in a context）。只有借助于这种思维，我们才能达到对科学运行的社会语境的充分理解，娴熟地处理各种术语和概念，进而规避怀特海所说的把词与物相混淆的"具体性误置"的错误。STS 的通识教育能够使学生认识到理论与理论的建构过程之间的差异，让学生学会把思想转化为行动，将学生的注意力从表象符号引向它们所表征的事物之上。STS 的研究告诉我们，世上并不存在万能的方法论原则用以指导学生解决个例，只有把理论与实践结合起来，在实践中把握理论，才能造就出一种独特的能力——洞察力或判断力。

第二，与这种有效的思考能力相关联的是交流思想的能力。科学的专业化的教育时常传授的是一些专业术语或理论，由这些深奥的行话所组成的高墙将学生与专业外的人隔离开来。STS 的教育有助于打破强加在学生心智之上的这种束缚。磋商概念的最显著的意义是把知识生产中的互动性因素推向了前台，它表明了科学研究要对社会互动的过程和结果做出敏锐的反应。从这种意义上说，"磋商"比其他概念更能突出知识生产过程的"社会"品格。磋商的艺术意味着使个人的思想清晰并具有说服力，也意味着让相关群体或个人相信科学知识，愿意践行它的成果，并且愿意以某种方式推进它的发展，从而与科学"发现"结成同盟。科学事实并非具有先验的有用性或"真理性"，它的建构要"征召"不同的"物质—社会的行动者"，把他（它）们变成一张能够使科学或技术对象稳定化的关系网络。STS 的通识教育有助于让学生意识到情商的重要性,让学生学习体会他人的情感、提高想象力、懂得理解他人;帮助学生和不确定性做斗争,理解错综复杂的情境并与他人产生共鸣;让学生有意识地去培养自己的沟通能力、提升语言能力、建立自信,培养完整人格,培养接纳不同观点的能力;看重个人诚信、加强团队精神、鼓励乐于助人、培养终身学习的能力,扩阔国际视野,为将来事业打好基础。对上述能力的培养有助于学生在未来能够有效地应对各个领域的挑战与机遇。

第三,辨别价值的能力。这种能力不仅是指清楚地辨析科学中的不同类型的价值,而且还要理解它们之间的关系,这其中就包括对目的和手段的相对重要性和相互依赖性的认识。价值具有认知与非认知两种向度,前者包括对真理的热爱、对各种学术成就的尊重、学术诚信等,后者包括知识在经济、社会与道德等方面的价值。在传统的教育中,对学生的智力训练与道德品格培养分别属于自然科学与人文科学两个不同的领域。这种教育完全是基于逻辑经验论的事实与价值、科学与社会之间的二分法。STS的研究表明,科学知识的生产过程中充满着事实与价值、自然与社会、认知与文化的交织态。充分认识到科学与社会、事实与价值之间的这种相互塑造,特别是理解科学的认识论意义和现实价值之间的差别,有助于学生树立人道主义的价值观,建立正确的人生目标,提升个人对生命的担当意识以及对社会的责任感。

人类仍然面临着许多难题,如贫困、社会不平等、疾病、全球变暖、安全威胁等,这些难题不断地考验着全世界的科学家或未来的科学家。在这一复杂的、互相关联的世界中,人们迫切需要有想象力、善解人意,且具有高智商与高情商的科学家。只有上述这般的科学家才能够积极地应对我们所面临的挑战。而要培养这样的科学家,我们唯有加大对人文学科,特别是STS教育的重视与建设。

STS处于自然与社会、科学与文化的交叉点上，是沟通科学与人文的有效工具。在现行文理分科的专业化教育体制下，STS是联结文理学科之间的一座桥梁；它是文科学生学习科学知识、理解科学精神、科学与社会关系的理想途径，也是理工科学生培养社会责任意识、学习人文精神的优质课程。对于培养具有健全人格和对社会具有责任感的人才来说，STS教育的重要性尤其不容忽视。科学活动处理的是人与自然的关系，活动的主体是人。因此，要发展科学，科学家首先要处理好科学共同体内部的关系，也要学会协调与外部社会群体的关系。这些关系，就包含着人文精神。所谓人文精神，主要体现在人们是否能正确地对待自我、他人与社会以及自然的关系。这些因素既是科学能否正常运作的前提，更是人类社会能否健康发展的关键。正是在自身发展过程中，科学逐渐认识到了这些关系的重要性。STS的研究表明，科学发展史，实际上就是一部人类与自然相互重塑、相互共生、共存与共演的历史。这也体现出了人文精神。作为通识教育的STS课程，对此应该有充分的反映，以期使学生通过学习，从而能够正确地对待自己和他人，学会与他人合作共事，对社会、国家及自然有更强烈的责任感。

第二节　STS通识课程建设的理念与路径

本书围绕以下核心论点展开：我们生活在一个科学和技术的时代，这并不仅仅是说科学技术成了人类知识的标杆，更是强调科学和技术已经彻底重构了人类世界的一切。在此意义上，我们不能再将科学和技术作为一项单纯的认识论事业，更应该将科学和技术放入社会中来理解，真正把握它们与社会之间的互构关系。上述研究视角的转变使得STS类通识课程具有了必要性和紧迫性。

一、STS 类通识课程建设的必要性

科学和技术无疑是当代社会中最为重要的一种力量。但对这种力量存在着不同的观点:精英主义者认为,科学和技术是非常专业化的知识,只有专业人士才有发言权,因此,我们应该将科学和技术交给专家,同时也应该信任专家的判断能力;民粹主义者认为,科学和技术不过是人类生存的一种手段,作为一种手段,它与作为目的的人类生存相比,后者无疑更具首要地位,持此种极端立场的人可能会走向科学和技术的对立面。这两种观点都在专业人士和非专业人士之间制造了一种割裂,而这种割裂会带来非常可怕的后果。哲学家、社会学家斯蒂夫·富勒(Steve Fuller)在本科教学中曾经碰到这样一种现象,即他每年都会问学生一个问题:在科学或宗教两者中,哪种知识能够为我们认识世界提供更好的基础,学生都会立场坚定地选择科学。但当他进一步要求学生谈谈对这两种知识的深层了解时,学生们往往对宗教侃侃而谈,对科学却几乎无话可说。[1] 试想一下,如果整个社会完全认可某种力量甚至对之极端推崇,却对其内容以及发挥作用的方式毫不知悉,这将是多么的可怕。因此,引导学生合理地认知这种割裂进而恰当地理解科学技术与社会之间的关系,是当代大学教育的题中应有之义。

从中国的情况来看,2011 年南京大学哲学系在全校理、工、农、医类 3600 名新生中就学生的哲学素养进行了全面的问卷调

---

[1] Steve Fuller. *The Philosophy of Science and Technology*. New York & London: Routledge, 2006: 1.

查，调查问卷的一个重要内容就与科学观有关。其中，32%的调查者认为科学是客观真理，33.1%的学生认为科学形式是主观的，但内容是客观的，另有12.4%的学生认为科学完全是主观的；20%的人认为科学家是唯利是图的小人；64.5%的学生认为科学和人文不应该分裂，但29.4%的学生认为，为了达到更好的教育效果并减轻学生的负担，在教育中可以将这种分裂继续下去。总体而言，学生的科学观仍停留在常识层面，他们对科学技术并未有过深层反思，甚至在科学发展中的某些个例性事件和社会媒体的影响下，对科学技术产生了一些负面看法。教育界应当承担起这种责任，引导学生合理认识科学技术研究和运作的真实过程，从而帮助他们形成合理的科学技术观。而且，从长远来看，随着学生们不断走向工作岗位，成为社会人之后，这就不仅仅是一个教育问题，也是重要的社会问题了。

从对专业内容的把握来看，这项工作应该主要由科学技术专家本人承担。但从目前的大学教育来看，科学技术专家主要承担了传承专业知识的角色，他们最多会进行一些科普性工作，鲜有涉及科学技术与社会之间的互动性关系问题。在此意义上，从学科内容和研究定位上来看，STS就成为承担这项工作的不二之选。

广义而言，STS的主要研究范围包括：作为社会制度子系统的科学技术体制的社会运作特征，从STS的学科历史来看，这类工作主要是由默顿学派进行的；科学和技术本身的社会性内涵，这主要是由科学知识社会学这一学派来完成的；科学技术与社会之间的互构性关系，这主要是由科学实践学派来进行的。不管从哪一视角来看，STS研究的前提都是关注到了科学技术已经成为人类社会最为重要的一种改造性力量。马克思较早注意到了科学技术的这种力量特征，如其所言，近代大工业的生产模式"第一次使自然科学为直接的生产过程服务,同时,生产的发展反过来又为从理论上征服自然提供了手段"[①]。进而,STS 研究的目标就是为了认清科学技术运行的社会性特征,从而为科学技术的健康运转、科技政策的制定、公众对科学技术的认知等提供学术支持。但 STS 要完全达成这一目标,就不能够只是作为一种学术而存在,它必须通过其他手段扩大自己的影响范围,从而向社会展现科学技术的真实运作机制。西方学术界主要采取了两种方式:一是扩大 STS 的社会影响力,很多知名学者会通过各种电视节目、广播节目、社会文化活动、网络等途径向公众传播 STS 方面的知识;二是让 STS 直接进入通识教育之中,通过对未来的科学家、技术专家、人文知识分子、社会大众的教育,引导他们形成合理的科学技术社会观。

因此,不管从国际学术界的历史和经验来看,还是从国内教育界的现状来看,STS 的教育都刻不容缓。

二、STS 课程的通识性内涵

《哈佛通识教育红皮书》强调,教育的目标之一是"帮助年轻人成为一个个体的人,拥有独特的、个性化的生活"[②]。这一目标落实在通识教育层面,就是人们常说的"全人"教育,即通过教育培养学生完整的、独立的、健全的人格。在此意义上,通识教育主要是一种世界观和价值观的教育,具有非功利性。从根本而言,STS 学科属性使得它天生就是一种通识教育。STS 本身是一个非功利性的研究领域,其核心特征就是它的非职业性特征。一般而言,很多

[①] 马克思、恩格斯:《马克思恩格斯全集》(第 47 卷),北京:人民出版社,1979 年,第 570 页。

[②] 哈佛委员会:《哈佛通识教育红皮书》,李曼丽译,北京:北京大学出版社,2010 年,第 2 页。

研究领域都对应着社会上的某种职业，平时人们所说的热门专业也正是就此而言的，因为学生从这些专业毕业后可以获得人们所说的"专业对口"的工作。但社会上并不存在 STS 这种职业，在此意义上，STS 继承哲学学科的非功利性特征，这也是国内的 STS 教育主要由哲学工作者来承担的原因之一。因此，尽管 STS 是一项专业性研究，但并不具有职业化特征，它不能直接成为学生未来谋生的手段。它强调的是训练学生对科学技术本身及其与社会之间的关系进行批判性、反思性理解的能力。显然，不管对于何种专业的同学而言，不管将来他们从事何种职业，这种批判性的反思能力都是其职业生涯中不可缺少的，是塑造其独立人格的重要基础。具体而言，STS 的这种非功性主要体现在以下方面：

第一，STS 课程是关于科学观、技术观的教育。如何对科学和技术进行认识论层面的定位，如何理解科学技术运行的社会性特征，如何理解它们与社会之间的互动、互构关系，这些都是科学观和技术观教育的核心。STS 课程的核心任务是，一方面从理论层面引领学生重走人类历史上伟大灵魂的哲思之路，另一方面从实践层面引导学生合理认知科学技术与社会之间的复杂关系，从而帮助学生形成独立的科学技术与社会观。因此，这类课程并非是灌输式的知识教育，而是思维方式上的方法论训练，重点并不是让学生成为知识的对象，而是成为具有自主反思能力的独立主体。这种训练的主要途径就是对批判精神和启发思维能力的训练。

第二，STS 教育的本质是对批判精神的塑造。STS 尽管是一个横跨了哲学、社会学、历史学等学科的研究领域，但它所具有的批判性精神仍然带有很强的哲学印记。当然，哲学的批判精神并不是简单的否定，"哲学是'批判的'，这并不是说哲学是否定或虚无的，而只是说哲学是反思的"，也就是说，"重新思考我们观看世界的方式,我们所设定之物,我们所推断之物以及我们所确知之物,由此正确地看待我们的生活和信念"。因此,哲学的生活是反思的生活,它能够帮助我们"走出云里雾里,扩展我们对于自身的观点和我们关于世界的知识,让我们破除偏见和有害的习惯"[①]。STS课程的批判性内涵主要体现在,通过引导学生合理认知人类历史上各种形式的科学技术观如实证主义、建构主义等以及对待科学技术的不同态度如科学技术万能论、科学技术虚无论等,帮助学生形成独立认知科学与技术的能力。

第三,STS教育的关键是训练学生的启发性思维能力。由于STS类通识课程所面对的对象往往是非哲学专业的学生,因此此类课程的教学应多强调课程内容对学生启发性思维能力的训练,这种训练往往是通过对科技案例的学理反思进行的,其重点是训练学生对科学和技术的合理认知。例如,从第八章布赖恩·温对坎布里亚核污染安排的研究中可以得出这样一些教训和启发:科学技术是有局限的,它们的有效性要以一定的物质文化空间为前提,这是对科学万能论的破除;科学共同体之间需要进行知识的交流与共享,从而达到最好的实际效果;在制定科技政策时,政策专家和技术专家都应该保持一种更加谦虚的态度。不管是对于自然科学专业的学生还是人文、社科专业的学生而言,认识到科学技术在实践中的这种非充分性,对他们将来正确认识科学技术的本性、在工作中避免不必要的弯路是非常重要的。

三、STS类通识课程与专业课程的差别

明确了STS课程的通识性内涵只是开展STS通识教育的一

[①] 罗伯特·C.所罗门:《哲学导论:综合原典阅读教程》,陈高华译,北京:世界图书出版公司,2012年,第8—9页。

个前提,在课程的具体编排过程中,还要进一步厘清 STS 通识课程与专业课程之间的操作性差异。

第一,STS 通识课程并非专业课程的通俗版。人们对通识课程与专业课程之间的关系,往往存在一个认识误区,即认为通识课程是专业课程的通俗版或简易版,从而将"通识课程"等同于"科普课程"。这种认识是错误的。从 STS 的角度来看,通识课程并非对某一哲学领域或科学领域的简单介绍,它要求要么从历史视角关注科学技术与人类文明发展之间的内在关联,要么从现实的角度考察当代科学技术发展的社会特征。例如,哈佛大学开设了 STS 类通识课程《中世纪中东的身体、性别和医学》,此课程并非只是一种历史的概要勾画,而是系统考察了中世纪以及近代早期中东地区的医学、宗教、文化、政治话语与实践是如何影响人们对身体和性别的理解的。可以看出,这门课程从身体与性别的视角将哲学、宗教、政治、科学糅为一体。这样,医学史中单独考察的医学、哲学史中独立发展的哲学以及政治史中孤立存在的政治演变,就在真实的历史视角下重新融合为一个整体。STS 通识课程的这种跨学科定位,既受其通识课程的课程属性的影响,也是由 STS 本身的学科属性所决定的。

第二,STS 通识类课程在授课方式上的要求更高、更多样。STS 专业课程往往采用小班授课,因此国外的此类课程大多采用 lecture + seminar(教师讲授 + 研讨)的形式,这种授课方式既保证了学生对基本理论、基本问题的把握,又强化了学生的课堂主体地位,提升了他们学习的积极性和主动性。而国内通识类课程的情况比较复杂。从南京大学此类课程的教学实践来看,小班授课的新生研讨课可以采用与专业课程相同的形式,但对学生阅读量的要求略低,而且为了达到最好的课堂效果,主讲学生最好在研讨课之前与任课教师沟通,以保证研讨课的质量。但在多数情况下,通识课往往采用大班授课方式,课堂学生数量多达 200 人。对此类课堂而言,教师应该通过问题引导、课堂互动、分组讨论等方式进行教学,从而强化课堂效果。

第三,即便讲授同一问题时,两类不同课程的讲授重点仍然存在差异。尽管这两类课程都侧重对学生批判性和启发性思维能力的训练,但专业课程往往更侧重对学生的专业训练,而通识课程则强调拓展学生分析实际问题的能力。我们可以以一个实际案例来进行说明。2009 年 4 月 6 日,意大利中部拉奎拉地区发生了一次 6.3 级的地震,导致 308 人死亡。在地震之前,有多次小震发生,但专家指出"没有理由认为不断发生的小震能预示一场大震"。公众听从了专家建议,但最终悲剧发生了。2012 年 10 月,6 名科学家和 1 名政府官员被判 6 年监禁,并被要求承担 900 万欧元的赔偿金。这一判决引起了社会各界包括科学家团体的持续关注。2014 年 11 月,上诉法庭推翻了"过失杀人罪"的判决。面对这一案例,通识课的讲授更加关注科学与社会之间的互动关系。显然,在此案例中,科学不再是纯粹的知识,而是成了公众社会生活的行动指南,进而成了一个社会问题。于是,对科学家来说,他们需要明确自己的双重身份:科研工作者和公众行为引导者。因此,当科学家发布地震预报信息的时候,同时也应该将此领域相关的学科背景告知公众,特别是当科学家们仍然不具有准确的地震预报能力的时候;而公众也应该积极主动了解相关内容,认识到科学家的断言仅仅是基于一种概率性的判断,如此,他们就能够以一种更具批判性的眼光来看待科学家的预言。可以看出,通识课更加注重科学与行动的关系,专家、政府、媒体与公众的关系等问题。但专业课对此问题的讲授则更加关注以下几个方面:认识论层面上从

"旁观性科学观"向"介入性科学观"的转变,社会学角度上科学家形象的演变、科学研究模式的转变,此外,也可以对科技政策制定、公众理解科学、地方性知识的作用等进行多维审视。可以看出,通识类课程要求在剔除部分艰深的专业知识的同时,却对教学内容的启发性维度提出了更高的要求。

四、中国特色的 STS 课程建设

正因为 STS 的研究不再以超脱于具体情境的沉思性知识为对象,而是关注科学和技术对现实的改造能力,而这种改造能力又会不可避免地带有地方性特征,因此,STS 尤其需要关注本土的科学技术实践,这就对 STS 通识课程的建设提出了更加原创性的要求:必须将 STS 的研究进而将 STS 类通识课程本土化。

从课程理念上来看,中国 STS 类通识课程应该坚持"国际视野、中国特色"的建设原则。这是因为,一方面,不管从 STS 本身来看,还是从 STS 的教育来看,其主战场都在国际学术界,因此中国的 STS 研究和 STS 教育的发展都应以国际学术界为标杆;另一方面,STS 又是一个国家和文化特色非常强的学科,因为在不同的科研体制、社会和文化机制下,科学技术与社会之间的关系又会存在某些方面的特殊性,这就要求中国 STS 的研究和教育必须立足中国、扎根本土。

从理论角度上来看,STS 课程应该将马克思主义和中国传统文化对科学技术的反思纳入其中。马克思、恩格斯对科学技术的生产力内涵的讨论、对自然史和人类史关系的考察,中国化的马克思主义对新形势下中国科学技术发展及其社会性内涵的诸多论断,都应该成为 STS 必须关注的方面。中国学者对自然辩证法的研究,已经为此奠定了良好的基础。当然,当代西方 STS 理论的形成，在某些层面也是受到了马克思思想的影响，在此意义上，马克思主义更应该成为STS课程关注的重点。同时，尽管在传统中国社会是否存在科学的问题上仍有争议，但由于STS在科学观层面从知识向行动的转变，这就使得中国传统思想完全可以为当代STS的研究提供理论来源，学术界对此已经进行了一些有益的尝试，尽管这项工作仍然任重道远。

从历史角度来看，一方面，中国科技史本身就是世界科技史的重要组成部分，而且当代后殖民主义技科学的研究已经为土著科学争取了认识论的地位，在此意义上，STS的研究与教学完全可以将中国科技史纳入在内；另一方面，自明末以来，在西方科学和技术传入中国的过程中，传统文化与西方科技之间的激烈碰撞在不同时期表现出了不同的典型性特征，这也为STS提供了丰富的研究素材和教学内容。

从实践角度来看，近几十年来中国科技事业的迅猛发展为建构中国化的STS课程提供了丰富的教学素材。与西方科学长久以来的认识论传统不同，中国科技事业具有典型的实用导向，这种实用导向不仅体现在科技专家的研究实践中，更体现在国家战略层面。党的十八大进一步从国家层面提出了"创新驱动发展战略"，这一战略的实施从顶层设计的高度为技术创新与技术支撑体系之间的融合提供了政策支撑。同时，近几年来政府主导的"大众创新、万众创业"若干政策又为宏观创新战略的微观运营提供了指引方向。各知名大学纷纷开设的双创课程，就是从教育层面上对接这一战略的尝试。不过，双创课堂的主要目的还是以创业、就业为导向，而对这种新型创新模式的分析、对这种国家与技术新型关系的考察，就成为STS课程的重要内容。与双创课堂相比，此类STS通识课程并不直接面向就业，但它们可以培养学生独立分析社会问题的能力、帮助他们认清创新态势、强化创新理念，进而帮助学生在实际的创业、就业实践中获得更大的优势。

正是由于认识到STS类课程在通识教育体系中的重要地位，许多国际知名大学都已经建构了完整的STS通识课程体系。以美国为例，杜克大学明确将STS作为通识教育的模块之一，学生必须在此模块下修读两门课程才能毕业。哈佛大学尽管并未设立独立的STS模块，但它将STS类通识课程分散在了其他各类模块之中。例如，"伦理推理"模块的《医学伦理学与医学史》、"经验与数学推理"模块的《卫生业与卫生政治学》、"生命系统科学"模块的《传染的代价：在科学、社会和文化的语境下理解疾病》等，其他模块中也包含了大量的STS类课程，如哲学家、社会学家希拉·贾撒诺夫开设的几门通识课程——《技术、环境与社会》、《环境政治学》、《系谱》等——都被放入了"世界中的美国"这一模块下。相较而言，尽管自20世纪80年代国内就已经开始了STS的研究，但STS通识课程的建设尚显不足，这种不足不仅体现在课程的数量上，更体现在课程的质量上，理论视角滞后、方法论训练缺失、现实观照力不够、本土特色不足等都是中国STS类通识课程需要解决的问题。建设中国特色的高质量的STS通识课程体系刻不容缓。

扩展阅读

A.N.怀特海：《科学与近代世界》，北京：商务印书馆，1997年。

哈佛委员会：《哈佛通识教育红皮书》，李曼丽译，北京：北京大学出版社，2010年。

张亮、孙乐强：《哲学通识教育的理念、历史与实践研究》，南京：南京大学出版社，2016年。

思考题

1. 如何理解 STS 的通识教育属性？
2. 从科学观的角度分析科学专业教育与 STS 教育的异同。
3. 举例说明 STS 专业教育与 STS 通识教育的异同。

参考文献

中文参考文献：

A. F. 查尔默斯：《科学究竟是什么》，鲁旭东译，北京：商务印书馆，2009年。

A. N. 怀特海：《科学与近代世界》，何钦译，北京：商务印书馆，1997年。

阿伦·布洛克：《西方人文主义传统》，董乐山译，北京：三联书店，1997年。

艾伦·索卡尔："超越界线：走向量子引力的超形式的解释学"，载于索卡尔、德里达、罗蒂等著《"索卡尔事件"与科学大战：后现代视野中科学与人文的冲突》，蔡仲、邢冬梅等译，南京：南京大学出版社，2002年。

爱因斯坦：《爱因斯坦文集》(第一卷)，许良英等编译，北京：商务印书馆，2012年。

安德鲁·芬伯格：《技术批判理论》，韩连庆、曹观法译，北京：北京大学出版社,2005年。

安德鲁·皮克林:《实践的冲撞》,邢冬梅译,南京:南京大学出版社,2004年。

安德鲁·皮克林编:《作为实践和文化的科学》,柯文、伊梅译,北京:中国人民大学出版社,2006年。

安德鲁·皮克林:《构建夸克:粒子物理学的社会学史》,王文浩译,长沙:湖南科学技术出版社,2012年。

安东尼·M.阿里奥托:《西方科学史》,鲁旭东等译,北京:商务印书馆,2011年。

保罗·R.格罗斯、诺曼·莱维特:《高级迷信:学界左派及其关于科学的争论》,孙雍君、张锦志译,北京:北京大学出版社,2008年。

布赖恩·温、大卫·凯里:"科学知识与政治:大卫·凯里对布赖恩·温的访谈",王荣江译,刘鹏校,《淮阴师范学院学报》,2015年第4期。

布鲁诺·拉图尔、史蒂夫·伍尔加:《实验室生活:科学事实的建构过程》,张伯霖、习小英译,北京:东方出版社,2004年。

布鲁诺·拉图尔:《我们从未现代过》,刘鹏、安涅斯译,苏州:苏州大学出版社,2010年。

布鲁斯·宾伯、大卫·H.古斯顿:"同一种意义上的政治学——美国的政府与科学",载于希拉·贾萨诺夫等编《科学技术论手册》,盛晓明等译,北京:北京理工大学出版社,2004年。

C.P.斯诺:《两种文化》,陈克艰、秦小虎译,上海:上海科学技术出版社,2003年。

蔡仲:《后现代相对主义与反科学思潮:科学、修饰与权力》,南京:南京大学出版社,2004年。

蔡仲:"科学哲学为何要回到'唯物论'——从'数学与善'的关系来看",《学习与探索》,2016 年第 4 期。

大卫·布鲁尔:《知识与社会意象》,艾彦译,北京:东方出版社,2001 年。

大卫·布鲁尔:"反拉图尔论",《世界哲学》,张敦敏译,2008 年第 3 期。

戴玉:《科学场域视角下的转基因作物"信任问题"研究》(博士论文),南京大学,2017 年。

戴玉、蔡仲:"科学自律性之困境——从'普兹泰事件'来看",《科学学研究》,2016,34(4)。

丹尼尔·查尔斯:《收获之神》,袁丽琴译,上海:上海科学技术出版社,2004 年。

杜小真选编:《福柯集》,上海:上海远东出版社,1998 年。

菲利普·基切尔:《科学、真理与民主》,胡志强等译,上海:上海交通大学出版社,2015 年。

郭贵春主编:《自然辩证法概论》,北京:高等教育出版社,2013 年。

哈佛委员会:《哈佛通识教育红皮书》,李曼丽译,北京:北京大学出版社,2010 年。

胡塞尔:《欧洲科学危机和超验现象学》,张庆熊译,上海:上海译文出版社,1988 年。

杰弗里·史密斯:《种子的欺骗》,高伟、林义华译,南京:江苏人民出版社,2011 年。

杰弗里·史密斯:《转基因赌局》,苏艳飞译,南京:江苏人民出版社,2011 年。

杰拉耳德·霍耳顿:《科学与反科学》,范岱年、陈养蕙译,南昌:江西教育出版社,1999 年。

卡林·诺尔-塞蒂纳:《制造知识:建构主义与科学的与境性》,王善博等译,北京:东方出版社,2001,

拉瑞·劳丹:《进步及其问题》,刘新民译,北京:华夏出版社,1999年。

蕾切尔·卡逊:《寂静的春天》,吕瑞兰等译,上海:上海译文出版社,2015年。

理查德·德威特:《世界观:科学史与科学哲学导论》,李跃乾、张新译,北京:电子工业出版社,2014年。

列奥·施特劳斯:《自然权利与历史》,彭刚译,北京:三联书店,2003年。

刘魁:"超人、原罪与后人类主义的理论困境",《南京林业大学学报(人文社会科学版)》,2008年第2期。

卢梭:《论科学与艺术的复兴是否有助于使风俗日趋纯朴》,李平沤译,北京:商务印书馆,2011年。

罗伯特·C.所罗门:《哲学导论:综合原典阅读教程》,陈高华译,北京:世界图书出版公司,2012年。

罗伊·波特主编:《剑桥科学史·18世纪科学》,方在庆主译,郑州:大象出版社,2010年。

M.克莱因:《西方文化中的数学》,张祖贵译,上海:复旦大学出版社,2004年。

马克思、恩格斯:《马克思恩格斯全集(第47卷)》,北京:人民出版社,1979年。

玛丽-莫尼克·罗宾:《孟山都眼中的世界》,上海:上海交通大学出版社,2013年。

Michael Common, Sigrid Stagl:《生态经济学引论:An Introduction》,金志农等译,北京:高等教育出版社,2012年。

迈克尔·海姆:《从界面到网络空间:虚拟实在的形而上学》,上海:上海科技教育出版社,2000年。

迈克尔·林奇:《科学实践与日常活动》,邢冬梅译,苏州:苏州大学出版社,2010年。

米歇尔·福柯:《规训与惩罚》,刘北成、杨远婴译,北京:三联书店,1999年。

莫里斯·梅洛-庞蒂:《知觉现象学》,姜志辉译,北京:商务印刷馆,2001年。

O.纽拉特:"科学的世界观:维也纳小组——献给石里克",王玉北译,《哲学译丛》,1994年第1期。

皮埃尔·布尔迪厄、华康德:《实践与反思》,李猛、李康译,北京:中央编译出版社,1998年。

皮埃尔·布尔迪厄:《科学的社会用途:写给科学场的临床社会学》,刘成富等译,南京:南京大学出版社,2005年。

皮埃尔·布尔迪厄:《科学之科学与反观性》,陈圣生等译,桂林:广西师范大学出版社,2006年。

冉聃:《赛博与后人类主义》(博士论文),南京大学,2013。

R.弗里曼·伯茨:《西方教育文化史》,王凤玉译,济南:山东教育出版社,2013年。

R.K.默顿:《科学社会学:理论与经验研究》,鲁旭东等译,北京:商务印书馆,2003年。

S.温伯格:《终极理论之梦》,李泳译,长沙:湖南科学技术出版社,2003年。

瑟乔·西斯蒙多:《科学技术学导论》,许为民等译,上海:上海世纪出版集团,2007年。

史蒂文·夏平、西蒙·谢弗:《利维坦与空气泵》,蔡佩君译,上海:

上海世纪出版集团,2008年。

斯蒂芬·科里尼:《导言》,载于C.P.斯诺《两种文化》,陈克艰、秦小虎译,上海:上海科学技术出版社,2003年。

唐·伊德:《技术与生活世界:从伊甸园到尘世》,韩连庆译,北京:北京大学出版社,2012年。

托马斯·库恩:《科学革命的结构》,金吾伦、胡新和译,北京:北京大学出版社,2003年。

V.布什等:《科学——没有止境的前沿:关于战后科学研究计划提交给总统的报告》,范岱年、解道华等译,北京:商务印书馆,2004年。

威廉·恩道尔:《粮食危机》,赵刚等译,北京:知识产权出版社,2008年。

武天欣:《对大科学的认知与伦理的思考》(硕士学位论文),南京大学,2017年。

乌尔里希·贝克:《风险社会》,何博闻译,南京:译林出版社,2004年。

希拉·贾萨诺夫等编:《科学技术论手册》,盛晓明等译,北京:北京理工大学出版社,2004年。

希拉·贾萨诺夫:《第五部门:当科学顾问成为政策制定者》,陈光译,温珂校,上海:上海交通大学出版社,2011年。

希拉·贾萨诺夫:《自然的设计:欧美的科学与民主》,尚智丛等译,上海:上海交通大学出版社,2011年。

小罗杰·皮尔克:《诚实的代理人:科学在政策与政治中的意义》,李正风、缪航译,上海:上海交通大学出版社,2010年。

邢冬梅:"当代S&TS的'唯物主义回归'",《学习与探索》,2012年第9期。

亚·沃尔夫:《十六、十七世纪科学、技术和哲学史》,周昌忠等译,北京:商务印书馆,1991年。

亚历山大·柯瓦雷:《从封闭世界到无限宇宙》,邬波涛、张华译,北京:北京大学出版社,2003年。

严火其:《哈尼人的世界与哈尼人的农业知识》,北京:科学出版社,2015年。

伊恩·哈金:"实验室科学的自我辩护",载于皮克林主编《作为实践和文化的科学》,北京:中国人民大学出版社,2006年。

伊恩·哈金:《表征与干预:自然科学哲学主题导论》,王巍,孟强译,北京:科学出版社,2010年。

伊萨克·牛顿:《自然哲学之数学原理》,王克迪译,袁江洋校,西安:陕西人民出版社,2001年。

约翰·A.舒斯特:《科学史与科学哲学导论》,安维复主译,上海:上海世纪出版集团,2013年。

约翰·霍根:《科学的终结:在科学时代的暮色中审视知识的限度》,孙雍君等译,呼和浩特:远方出版社,1997年。

约翰·齐曼:《真科学》,曾国屏等译,上海:上海科技教育出版社,2002年。

约瑟夫·劳斯:《涉入科学:如何从哲学上理解科学实践》,戴建平译,苏州:苏州大学出版社,2010年。

中华人民共和国科学技术部:《中国科学技术发展报告(2014)》,北京:科学技术文献出版社,2017年。

英文参考文献:

A. Nordmann. "Collapse of Distance: Epistemic Strategies of Science and Technoscience". *Danish Yearbook Philosophy*,

2006(41).

Amit Prasad. "Scientific Culture in the 'Other' Theatre of 'Modern Science': An Analysis of the Culture of Magnetic Resonance Imaging Research in India". *Social Studies of Science*, 2005, 35(6).

Andrew Pickering. "A Gallery of Monsters: Cybernetics and Self-Organization, 1940—1970". In: S. Franchi, G. Güzeldere (eds.), *Mechanical Bodies, Computational Minds: Artificial Intelligence from Automata to Cyborgs*. Cambridge: MIT Press, 2005.

Andrew Pickering. "Cyborg History and the World War II Regime". *Social Studies for Science*, 2005(6).

Andrew Pickering. *The Mangle in Practice: Science, Society and Becoming*. Durham: Duke University Press, 2008.

Andrew Pickering. *The Cybernetic Brain*. Chicago: University of Chicago Press, 2011.

Andrew Ross(ed.). *Science Wars*. Durham: Duke University Press, 1996.

Andrew Rowell. "The Sinister Sacking of the World's Leading GM Expert and the Trail that Leads to Tony Blair and the White House". *The Daily Mail*, 2003-07-07.

Anthony Barnett. "Revealed: GM Firm Faked Test Figures". *The Observer*, 2000-04-16.

Arthur Fine. *The Shaky Game: Einstein, Realism and the Quantum Theory*. Chicago: University of Chicago Press, 1986.

Ashis Nandy. *The Intimate Enemy*. Oxford: Oxford University Press, 1983.

Barry Barnes. "How Not to Do the Sociology of Knowledge". *Annals of Scholarship*, 1991, 8(3—4).

Benjamin R. Cohen. "Science and Humanities: Across Two Cultures and into Science Studies". *Endeavour*, 2001, 25(1).

Bruno Latour. *Science in Action: How to Follow Scientists and Engineers through Society*. Cambridge: Harvard University Press, 1987.

Bruno Latour. *The Pasteurization of France*. Cambridge: Harvard University Press, 1988.

Bruno Latour. "Stengers' Shibboleth". In: Isabelle Stengers (ed.), *Power and Invention*. Minneapolis: University of Minnesota Press, 1997.

Bruno Latour. "On Recalling ANT". In: J. Law, J. Hassard (eds.), *Actor Network Theory and After*. Malden: Blackwell, 1999.

Bruno Latour. *Pandora's Hope: Essays on the Reality of Science Studies*. Cambridge: Harvard University Press, 1999.

Bruno Latour. "Can We Get Our Materialism Back, Please?". *Isis*, 2007(98).

Bruno Latour. "Love Your Monsters: Why We Must Care for Our Technologies as We Do Our Children". *Breakthrough Journal*, 2011(2).

Byron Kaldis (ed.). *Encyclopedia of Philosophy and the Social*

参考文献

Science. LosAngeles: Sage Publication Ltd, 2013.

Carnap Rudolf. "Intellectual Autobiography". In: Paul Arthur Schilpp (ed.), *The Philosophy of Rudolf Carnap*. La Salle: Open Court, 1963.

Chris Weedon, *Feminist Practice and Poststructuralist Theory*, Oxford and Cambridge: Blackwell, 1997.

D. Cauchon. "FDA Advisors Tied to Industry". *USA Today*, 2000-9-25.

D. Lovekin. *Technique, Discourse, and Consciousness: An Introduction to the Philosophy of Jacques Ellul*. London & Toronto: Associated Presses, 1991.

Daniel S. Greenberg. *The Politics of Pure Science*. New York: New American Library, 1967.

Daniel S. Greenberg. *Science, Money, and Politics*. Chicago: The University of Chicago Press, 2001.

Daniel S. Greenberg. *Science for Sale*. Chicago: The University of Chicago Press, 2007.

David Bloor. "Anti-Latour". *Studies in History and Philosophy of Science*, 1999, 30(1).

David Wade Chambers, Richard Gillespie. "Locality in the History of Science: Colonial Science, Technoscience, and Indigenous Knowledge". *Osiris*, 2000(15).

Donna Haraway. *Simians, Cyborgs, and Women: The Reinvention of Name*. New York: Routledge, 1991.

Donna Haraway. *Modest _ Witness @ Second _ Millennium. Female Man © Meets _ OncoMouse™: Feminism and*

Technoscience. New York: Routledge, 1997.

E. G. Carayannis et al. "The Quintuple Helix Innovationmodel: Global Warming as a Challenge and Driver for Innovation". *Journal of Innovation and Entrepreneurship*, 2012(1).

Edward J. Hackett, Olga Amsterdamska, Michael Lynch, Judy Wajcman(eds.). *The Handbook of Science and Technology Studies (Third Edition)*. Cambridge: The MIT Press, 2008.

Eleftherios P. Diamandis. "Theranos Phenomenon: Promises and Fallacies". *Clinical Chemistry & Laboratory Medicine*, 2015.

Elias G. Carayannis(ed.). *Encyclopedia of Creativity, Invention, Innovation, and Entrepreneurship*. New York: Springer, 2013.

Francis Fukuyama. "Transhumanism". *Foreign Policy*, 2004(144).

Gabrille Hecht. "Rupture-Talk in the Nuclear Age: Conjugating Colonial Power in Africa". *Social Studies of Science*, 2002(12).

Gaston Bachelard. *La philosophie du non: essai d'une philosophie du nouvel esprit scientifique*. Paris: Presses Universitaires de France, 1940.

Gaston Bachealrd. *Le Rationalisme Appliqué*. Paris : Press Universitaires de France, 1966[1949].

Gaston Bachelard. *La formation de l'esprit scientifique*. Paris:

J. Vrin, 1967.

Gaston Bachelard. *Le Nouvel Esprit Scientifique*. Paris: Presses Universitaires de France, 1968[1934].

Gayatri Chakravorty Spivak. "Can the Subaltern Speak?". In: C. Nelson, L. Grossberg (eds.), *Selected Subaltern Studies*. Urbana: University of Illinois Press, 1988.

Geoffrey C. Bowker, Susan Leigh Star. *Sorting Things Out: Classification and Its Consequences*. Cambridge: MIT Press, 2000.

Geoffrey Lean. "Exposed: Labour's Real Aim on GM Food". *Sunday Independent*, 1999-05-23.

George Basalla. "The Spread of Western Science". *Science*, 1967, 156(3775).

Gilbert Hottois. "Technoscience: Nihilistic Power versus a New Ethical Consciousness". In: Paul T. Durbin (ed.), *Technology and Responsibility*. Dordrecht: D. Reidel Publishing Company, 1987.

Giovanni Dosi. "Technological Paradigms and Technological Trajectories". *Research Policy*, 1982(11).

GM-Free. Interview with Dr. Arpad Pusztai. http://www.gmwatch.org/index.php?option=com_content&view=article&id=13856.

Hans Radder (ed). *The Commodification of Academic Research: Science and the Modern University*. Pittsburgh: the University of Pittsburgh Press, 2010.

Hans Reichenbach. *Experience and Prediction*. Chicago: The

University of Chicago Press, 1938.

Hassan Ihab. "Prometheus as Performer: Toward a Postmodern Culture?". In: Michel Benamou, Charles Caramello (eds.), *Performance in Postmodern Culture*. Madison: Coda Press, 1977.

Heinke Roebken. "Departmental Networks: An Empirical Analysis of Career Patterns among Junior Faculty in Germany". *Higher Education*, 2007, 54(1).

Ian Hacking. "The Self-Vindication of the Laboratory Sciences". In: Andrew Pickering (ed.), *Science as Practice and Culture*. Chicago: University of Chicago Press, 1992.

Ian Hacking. *Historical Ontology*. Cambridge: Harvard University Press, 2002.

Ian Hacking. "Let's Not Talk About Objectivity". In: F. Padovani et al. (eds), *Objectivity in Science: New Perspectives from Science and Technology Studies*. New York: Springer, 2015.

International Council for Science's Standing Committee on Responsibility and Ethics in Science. "Ethics and the responsibility of science. Background paper for the World Science Conference, Budapest June 26-July 1, 1999". *Science & Engineering Ethics*, 2000, 6(1).

Itty Abraham. "Postcolonial Science, Big Science, and Landscape". In: Roddey Reid, Sharon Traweek (eds.). *Doing Science + Culture*. New York & Londan: Routledge,

2000.

Itty Abraham. "The Contradictory Spaces of Postcolonial Technoscience". *Economic and Political Weekly*, 2006.

J. Ben-David. *Scientific Growth: Essays On the Social Organization and Ethos of Science*. Oakland: University of California Press, 1991, 250.

J. Haugeland, J. Rouse. *Dasein Disclosed: John Haugeland's Heidegger*. Cambridge: Harvard University Press, 2013.

James A. Secord. "Knowledge in Transit". *Isis*, 2004, 95(4).

James Gleick. *The Information: A History, a Theory, a Flood*. New York: Pantheon Books, 2011.

Joan H. Fujimura. "Transnational Genomics: Transgressing the Boundary between the 'Modern/West' and 'Premodern/East'". In: Roddey Reid, Sharon Traweek (eds.), *Doing Science + Culture*. New York & London: Routledge, 2000.

John Law. *A Sociology of Monsters: Essays on Power, Technology and Domination*. London & New York: Routledge, 1991.

Jongyoung Kim. "Beyond Paradigm: Making Transcultural Connections in a Scientific Translation of Acupuncture". *Social Science & Medicine*, 2006(62).

Kaushik Sunder Rajan. "Subjects of Speculation: Emergent Life Sciences and Market Logics in the United States and India". *American Anthropologist*, 2005, 107(1).

L.J. Frewer, C. Howard, R. Shepherd. "Effective Communication about Genetic Engineering and Food". *British Food*

Journal, 1996(98).

Larry Laudan. "The Demise of the Demarcation Problem". In: R. S. Cohen, L. Laudan(eds.), *Physics, Philosophy and Psychoanalysis*. Dordrecht: D. Reidel Publishing Company, 1983.

Laurie Flynn et al. "Pro-GM Food Scientist 'Threatened Editor'". *The Guardian*, 1999-11-01.

Lewis Pyenson. "Pure Learning and Political Economy: Science and European Expansion in the Age of Imperialism". In: R. P. W. Visser et al. (eds.), *New Trends in the History of Science*. Amsterdam-Atlanta: Rodopi, 1989.

Leon Lederman. "The End of the Frontier". *Science*, 1991 (251).

Londa Schiebinger. "Prospecting for Drugs: European Naturalists in the West Indies". In: Sandra Harding(ed.), *The Postcolonial Science and Technology Studies Reader*. Durham and London: Duke University Press, 2011.

Lorraine Daston (ed.). *Biographies of Scientific Objects*. Chicago: The University of Chicago Press, 2000.

Ludwik Fleck. *Genesis and Development of a Scientific Fact*. Chicago: University of Chicago Press, 1979.

M. Clynes, N. Kline. "Cyborgs and Space". *Astronautics*, 1960(9).

M. J. Mulkay. "Norms and Ideology in Science". *Social Science Information*, 1976, 15(4—5).

Martin Hollis. "The Social Destruction of Reality". In: Martin

Hollis, Steven Lukes(eds.), *Rationality and Relativism*. Liphook: Blackwell Press,1982.

Merra Nanda. "Science Wars in India". In: the editors of Lingua Franca (eds.), *The Sokal Hoax*. Lincoln: University of Nebraska Press, 2000.

Merra Nanda. *Prophets Facing Backward: Postmodern Critiques of Science and Hindu Nationalism in Indian*. New Brunswick: Rutgers University Press, 2003.

Michael Benedikt. *Cyberspace: First Steps*. Cambridge: The MIT Press, 1991.

Michael Lynch. "Is a Science Peace Process Necessary". In: Jay A. Labinger, Harry Collins (eds), *The One Culture? A Conversation About Science*. Chicago & London: The University of Chicago Press, 2001.

Michel Callon. "Some Elements of a Sociology of Translation: Domestication of the Scallops and the Fishermen of St Brieuc Bay". In: John Law (ed.), *Power, Action and Belief*. London: Routledge &Kegan Paul, 1986.

Michel Foucault. *Power/Knowledge: Selected Interviews and Other Writings 1972—1977*. Colin Gordon (ed.), Harvester Press, 1980.

Michelle Li, Eleftherios P. Diamandis. "Theranos Phenomenon-Part 2". *Clinical Chemistry & Laboratory Medicine*, 2015, 53(12).

N. Reingold, M. Rothenburg(Eds). *Scientific Colonialism: A Cross-cultural Comparison*. Washington DC: Smithsonian

Institution Press, 1987.

N. Katherine Hayles. *How We Became Posthuman: Virtual Bodies in Cybernetics, Literature, and Informatics*. Chicago: University of Chicago Press, 1999.

Nassim Nicholas Taleb. "The Precautionary Principle (with Application to the Genetic Modification of Organisms)". *Extreme Risk Initiative-NYU School of Engineering Working Paper Series*, 2014.

Nick Bilton. "Exclusive: How Elizabeth Holmes's House of Cards Came Tumbling Down". *Vanity Fair*, 2016-10.

Noretta Koertge. "Expanding Philosophy of Science into the Moral Domain: Response to Brown and Kourany". *Philosophy of Science*, 2008(75).

P. Fusar-Poli, G. Stanghellini. "Maurice Merleau-Ponty and the 'Embodied Subjectivity'". *Medical Anthropology Quarterly*, 2009, 23(2).

Parliament. Technology[EB/OL]. http://www.publications.parliament.uk/pa/cm199899/cmhansrd/vo990521/debtext/90521-07.htm. 1999-05-21.

Peer review vindicates scientist let go for "improper" warning about genetically modified food [DB/OL]. http://naturalscience.com/ns/cover/cover8.html. 1999-03-11.

Philip Abelson. "Are the Tame Cats in Charge?". *Saturday Review*, 1966(49): 102.

Roli Varma. "Changing Research Cultures in U.S. Industry". *Science, Technology & Human Values*, 2000, 25(4).

S. Jasanoff, G. E. Markle, J. C. Petersen, T. Pinch (eds). *Handbook of Science and Technology Studies*. Thousand Oaks: Sage, 1995.

S. Shapin, S. Schaffer. *Leviathan and the Air-Pump: Hobbes, Boyle, and the Experimental Life*. Princeton: Princeton University Press, 1985.

Sandra Harding. *Is Science Multicultural?*. Bloomington & Indianapolis: Indiana University Press, 1998.

Sheldon Krimsky. *Science in the Private Interest*. Lanham: Rowman & Littlefield, 2004.

Slavoj Zizek. *On Belief*. London & NewYork: Routledge, 2001.

Steve Fuller. *The Philosophy of Science and Technology*. New York & London: Routledge, 2006.

Thomas F. Gieryn. "Boundary-Work and the Demarcation of Science from Non-Science: Strains and Interests in Professional Ideologies of Scientists". *American Sociological Review*, 1983, 48(6).

U. Kjærnes. "Trust and Distrust: Cognitive Decisions or Social Relations". *Journal of Risk Research*, 2006(9).

Ursula Klein, Wolfgang Lefèvre. *Materials in Eighteenth-Century Science*. Cambridge: The MIT Press, 2007.

Vincanne Adams. "Randomized Controlled Crime: Postcolonial Sciences in Alternative Medicine Research". *Social Studies of Science*, 2002, 32(5—6).

Warwick Anderson. "Introduction: Postcolonial Technoscience".

Social Studies of Science, 2002(32).

World Bank. *World Development Report*. New York: Oxford University Press, 1998.

后　记

科学和技术已经渗透到我们生活的方方面面，因此也是任何人都无法回避的一个问题。尽管人们都充分认可科学和技术给人类生活和社会进步带来的正面推动作用，然而，人们对科学和技术及其当代社会运作机制的了解却并不多。因此，本教材的目的不仅是要同学们知其然，更要引导他们知其所以然，从而形成对科学技术及其当代发展模式的合理认识。基于此，两位作者于2016年暑假开始了本教材的写作。2016年12月，本教材被遴选为"十三五"江苏省高等学校重点教材。

本教材的写作工作由蔡仲和刘鹏承担。其中，前言、第一章、第三章、第四章、第五章、第七章由蔡仲完成，第二章和第八章由刘鹏完成，第六章和第九章由蔡仲、刘鹏合作完成。洪秀博士承担了本教材初稿的文字校对工作。

本教材的立项和出版得到了南京大学教务处和南京大学教师教学发展中心的鼎力支持，同时也得到了南京大学出版社施敏老师的大力帮助，在此向各位老师表示感谢！

著　者
2017年8月